本书获得国家社科基金项目"村民环境行为与农村面源污染研究"（项目编号：12BSH021）资助

环境与社会丛书

生态自觉的地方实践

——虎河村案例研究

邢一新　著

中国社会科学出版社

图书在版编目(CIP)数据

生态自觉的地方实践：虎河村案例研究／邢一新著.—北京：中国社会科学
出版社，2022.6

(环境与社会丛书)

ISBN 978 - 7 - 5227 - 0005 - 2

Ⅰ.①生…　Ⅱ.①邢…　Ⅲ.①生态环境建设—研究—黔东南苗族侗族
自治州　Ⅳ.①X321.273.2

中国版本图书馆 CIP 数据核字(2022)第 057093 号

出 版 人	赵剑英
责任编辑	冯春凤
责任校对	张爱华
责任印制	张雪娇

出　　版	中国社会科学出版社
社　　址	北京鼓楼西大街甲 158 号
邮　　编	100720
网　　址	http://www.csspw.cn
发 行 部	010 - 84083685
门 市 部	010 - 84029450
经　　销	新华书店及其他书店

印　　刷	北京君升印刷有限公司
装　　订	廊坊市广阳区广增装订厂
版　　次	2022 年 6 月第 1 版
印　　次	2022 年 6 月第 1 次印刷

开　　本	710×1000　1/16
印　　张	14.5
插　　页	2
字　　数	202 千字
定　　价	89.00 元

序

邢一新的博士论文在修订后即将付梓，邀我写序。作为她的导师，我很高兴。一方面，我见证了她几易其稿、几番打磨的艰辛写作过程，而今成书，可喜可贺。另一方面，我也目睹了她几经"折腾"、峰回路转的田野之途，为她有所成长、有所收获而深感欣慰。在此，我很愿意与各位读者分享她成书背后的故事，并谈谈我对本书的理解。

邢一新是 2013 年考入河海大学社会学系，跟随我读博士的。此前，她对环境社会学的研究兴趣已经显现，并在她的老家山东日照做了一些调研。但是进入博士学习阶段后，博士论文的要求显然要高于预期，所以在读书之余，要多跑跑、多看看，从不同的田野发现中找寻兴趣点。

2014 年夏，我们组织了同门的暑期调研。她和其他同门一起前往阿坝藏族羌族自治州金川县观音桥镇进行调查，正是这次调查引发了她对民族地区生态与环境问题的研究兴趣。调查结束后，她很兴奋地和我说想做藏区的林业生态问题，并表达了她的一些想法。但我听了她的汇报后，感觉她的发现并不十分新鲜，于是问她："同门已经有做林业方面的'行家'，你的研究与他们的研究相比，除了地域不同、民族不同，还有哪些鲜明特点？或者说，你能讲出一些我们不知道的故事吗？"选题所需要的"复杂性""故事性"是我所强调的。她没

1

有因为我的"刁难"而气馁，表示仍想在林业领域调查看看。这时，我记起 2013 年寒假主持"河南省大中型水库移民后期扶持政策实施情况监测评估（信阳市部分）"项目时，曾在工作之余走访信阳市新县水榜村，这个村庄的林业发展很有特点，于是我建议她可以去看看，是否有可能作为博士论文的选题。

2014 年寒假，邢一新在河南水榜村开始了调研。20 世纪 80 年代初，中国农村基本上实行分林到户了，对林业生态的管控不甚理想。但水榜村很不一样，强有力的村级组织从村民手中要回了林权，集中保护和发展林业。邢一新的调研就是为了弄清楚"为什么要收回"和"为什么能收回"的问题。她很认真，几乎走遍了小村子的每一户人家，获得了翔实的一手资料，把村庄的林业发展史梳理得十分清晰。但在和她的沟通中，我也发现了她的困扰：村庄的林业发展确实值得一谈，但也就仅此而已，依然缺乏更多的"复杂性"、更丰富的"故事性"。尽管选题再一次落空，但通过调查还是推进了认知，提升了把控题材的能力。通过水榜村调查，她弄清楚了国家林业政策的演变历程和原因，明白了几次典型毁林事件的始末，并对乡村生态发展之路有了一些自己的想法。后来的事实也的确证明，她前期看似"无用"的调查恰恰丰富了她的知识储备，并使她在遇到类似田野案例时保持了高度的敏感，促使她后来对虎河村"私林悲剧"的逻辑做了深入的分析。

2015 年暑假，邢一新再度参加同门的暑期驻村调查，这次他们的目的地是贵州省雷山县虎河村。他们在寨子里连续住了一个月左右，把村寨方方面面的情况都摸透了。这一次，邢一新对村寨整体的把握成熟了许多，不仅梳理清楚了村寨生态变迁和发展的来龙去脉，而且挖到了其中起到关键作用且独具特色的组织、规则、文化等因素，对博士论文选题、容量等也有了恰当的判断。紧接着，10 月份邢一新到虎河村再度进行了为期一个月的深入调查，并到周边村庄做了一些比较研究。

　　经过一年的写作，邢一新在 2016 年 9 月份提供了博士论文的初稿。能够看到，她对于案例事实的描述相对清楚，但对于事实的解释、理论的应用相对薄弱。在我们师生的反复琢磨和讨论之下，她决定运用"生态自觉"来统领博士论文的主题。

　　"生态自觉"的概念是我根据 2008 年江苏宜兴一家小微企业提炼出来的。当时，课题组基于太湖、淮河流域的农村调查，提出"人水和谐"与"人水不谐"两种理想类型。进而讨论"人水不谐"如何转向"人水和谐"，将出现生态转机的情况分为高层次的"生态自觉"、中间层次的"生态利益自觉"和低层次的"被迫转型"三种类型。我之所以提出"生态自觉"的概念，是受到了费孝通"文化自觉"的启发。循着"文化自觉"的路径，我认为"生态自觉"是兼顾了人类及人类以外的整个生态系统关系的自觉，是生态层面上的"自知之明"。而要做到这一点，不仅要将过去的生态实践与当下的相比较，还要将国外的生态实践与中国的相比较。我提出的"生态自觉"建立在横向维度上、不同类型案例比较的基础之上，邢一新则想进一步从历时的角度、结合地方性视角来考察苗族村寨"生态自觉"的实践，我认为这是一个非常有意义的探索。

　　遵从历时的叙述逻辑，邢一新将虎河村生态实践的演变分为生态自发实践、生态失衡和生态自觉实践三个阶段，每个阶段又主要围绕社会变化及其生态结果展开论述。在传统时期，虎河村的生产生活实践充分体现出生态"自发"实践的特性。无论是梯田系统的精巧构建、衣食住行上的顺应自然，还是依靠寨老组织、利用生态榔约保护自然，以及精神信仰上的崇拜自然等，充分体现着朴素的生态智慧。在她看来，这一时期村民是以生存为前提展开生活实践的，生态觉悟尚处于较低层次，但已作为一种"集体心理"积淀在地方文化之中。

　　集体化时期和去集体化时期是虎河村发生急剧变化的两个时期，

期间村庄连续经历两次生态失衡，典型事件是"大跃进"时期的生态破坏和改革开放初期的"私林悲剧"。两次事件的动因不同，前者主要受到政治性因素的驱动；后者则主要受到经济力量的影响。两次生态变动过程中，村庄长久以来积淀而成的生态传统也或被动或主动地打破了。

对于一个高山中的苗族村寨来说，屡次社会变革与生态秩序的波动带来的后果是严重的，迫使村庄做出调适转型。在此过程中，村庄没有盲目模仿或复制其他村庄的发展路径，也没有"等靠要"国家的扶持，而是结合自身特色、以内生力量重塑了村庄的发展路径。更难能可贵的，是村庄形成了清晰的生态定位，通过治理组织的重构、生态规范的重塑、生态产业的发展、生态意识的保育等，走出了一条可持续发展的道路。应该说，这一时期村庄的实践已经具备"自觉"的特色，做到了对自身生态传统的"自知之明"和批判继承。

邢一新这本关于苗族村寨生态自觉实践的书很有意思。我希望她能够进一步深化对生态自觉概念的认识，并以更加丰富的中国地方实践为底色，将其理论化、体系化，更加深刻地践行"文化自觉""理论自觉"。同时，借本书出版之际，我祝愿她在环境社会学领域继续耕耘，取得更好的成绩。

是为序。

陈阿江

2021 年 11 月 22 日于南京寓所

目　　录

第一章　导论

第一节　问题提出

一　研究背景

自然是人类赖以生存与活动的重要基础，也是贯穿人类文明发展中的重要因素。回顾人类走过的原始文明、农业文明与工业文明之路，人类从脱生于自然、依赖于自然到征服自然、改造自然，人与自然间的关系逐渐变得高度紧张。人们在醉心于巨大的物质利益的同时，却也越来越受困于日益逼近的生态阈限，资源枯竭、生态破坏、环境污染等问题以"点"的方式爆发、"面"的形式推进，日益成为威胁人类生存与发展的严重阻碍。

于中国而言，生态与环境问题夹杂、爆发在"后发外生型"现代化①变革的过程之中，有其特异性和复杂性。中国本就有着人口基数庞大、资源禀赋薄弱的"先天不足"，在追求独立富强的过程中又过于注重经济增长，尽管创造了举世瞩目的经济增长奇迹，但由于经济增长模式粗放、污染密集型产业占比过高、政府"唯GDP至上"的政绩观等的影响，导致生态与环境"后天失调"，醒目的生态赤字与厚重的环境欠债难以偿还。因此，尽管有着西方国家"先污染后治

---

① 孙立平：《后发外生型现代化模式剖析》，《中国社会科学》1991年第2期。

理"的惨痛教训，尽管中国曾极力避免走上这样的道路，但最终仍然落入了如此的"魔圈"①。

面对上述回旋余地日益收缩的生态困局，各种纾解生态风险的方案层出不穷。有批判现代化、工业化，崇尚"回到丛林中去"，过"田园牧歌式"生活的；② 有关注人口与资源的冲突关系，寄希望于控制人口来解决困境的；有批判无度消费，主张反思病态的丰裕社会的；有指责技术理性，主张生态自我修复的。③ 凡此种种，皆从不同的侧面提出了消减生态风险的方案，但仍都只是局部性或暂时性的举措，直到生态文明理念的提出，才真正成为化解人与自然冲突的整体性、根本性举措。

生态文明理念产生于现代环境运动以及人类对可持续发展的不懈探索，④ 其内涵核心在于强调人与自然的和谐发展，内容"既涵盖人类保护自然环境和生态安全的意识、法律、制度、政策，也包括维护生态平衡和可持续发展的科学技术、组织机构和实际行动"。⑤ 目前，世界各国都在积极探索生态文明发展之路，中国也不例外。自 1994年将可持续发展战略定位为一项国家战略之后，中国实质上已经迈入了探索生态发展的道路。此后科学发展观、社会主义和谐社会建设的理念相继提出，生态发展、环境保护始终是其中十分重要的蕴涵。至2007 年胡锦涛总书记在中共十七大报告中首次提出"建设生态文明"，以往对于人与自然关系问题的探索得到了升华，中国正式走上

---

① 陈阿江：《次生焦虑：太湖流域水污染的社会解读》，中国社会科学出版社 2010 年版，第 1—2 页。

② 陈学明：《生态文明论》，重庆出版社 2008 年版，第 41 页。

③ 张乐：《资本逻辑论域下生态危机消解的路径》，中国社会科学出版社 2016 年版，第 18—22 页。

④ 李勇进、陈文江：《生态文明建设的社会学研究》，兰州大学出版社 2018 年版，第 29 页。

⑤ 薛晓源、李惠斌编：《生态文明研究前沿报告》，华东师范大学出版社 2006 年版，第 18 页。

了生态文明建设之路。此后，党的十八大报告进一步将生态文明建设纳入"五位一体"的总体布局，[①] 十九大报告中将建设生态文明提升为"中华民族永续发展的千年大计"，提出"坚持人与自然和谐共生""人与自然是生命共同体"，"树立和践行绿水青山就是金山银山的理念"，[②] 生态文明的内涵有了进一步的发展和深化。

然而尽管国家顶层设计为生态文明建设指明了方向，具体到地方探索生态文明建设的实践场景中，所显露出来的问题也应该得到清醒的认识和关注。例如，生态建设徘徊在理念的宣扬层面，一些发展举措的落实不足；公众的环境意识难以转化环境行为，甚至与环境行为相脱节和悖离；等等。这些问题暴露出，如果仅靠单一的、外部推进的政策、理念或者制度、技术，而没有真正实现地方建设主体的全面参与、深刻反思与理性自觉，生态文明建设、生态社会发展仍然无法从根本上得以实现。

在此情形下，生态自觉就显得至关重要。生态自觉一方面是"兼顾了人类与人类以外的生态系统的关系"[③] 的自觉，是人对于生态的地位、意义、作用与人类本身行为方式的认知和反思的自觉；另一方面是集生态观念、生态意识内化与生态实践外化为一体的自觉。其思想基础和文化依托并非他者文化，而是自身生态文化传统、地方生态知识等的有益成分经过挖掘、吸收，结合时代要求进行"再发明""再创造"的有益于生态建设与社会发展的优秀文化。只有形成了高度的生态自觉，生态危机与环境问题才有可能从根本上得到解决，生态文明建设才会由"自在"阶段走向"自为"阶段。鉴于此，本书对生态自觉的研究既是实践所向，也是理论所需。

---

① 胡锦涛：《坚定不移沿着中国特色社会主义道路前进 为全面建成小康社会而奋斗——在中国共产党第十八次全国代表大会上的报告》，人民出版社 2012 年版。

② 习近平：《决胜全面建成小康社会 夺取新时代中国特色社会主义伟大胜利——在中国共产党第十九次全国代表大会上的报告》，人民出版社 2017 年版。

③ 陈阿江：《再论人水和谐》，《江苏社会科学》2009 年第 4 期。

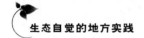

二 研究缘起

笔者与虎河村的结缘看似偶然，却又存在着必然。于中国大地上的众多村落中选择了虎河村作为田野调查点，可以解释为一种偶然的缘分，但这种缘分却是建立在此前笔者对生态和环境问题的关注，以及对多点田野调查的总结、思考和比较基础之上的。

自初入社会学研究之门，环境与社会问题便一直是笔者关注的焦点所在。但相较于最开始对生态与环境问题的批判，对污染现实和民众受害事实的愤愤不平，笔者日渐倾向于相信并致力于发现"另一条道路"①来实现生态与经济社会的共赢发展。然而受制于眼界和见识，以及过度关注生态与环境问题的事实而忽略了历史、文化、地方传统等其他维度，笔者在东部沿海渔村、中原地区农村以及南方村庄中所做的田野调查中均未能寻找到满意的答案。直到2014年笔者开始接触民族地区的环境与社会问题，转机才就此显现。

2014年盛夏，笔者因参与师门开展的暑期调查实践的机缘，前往阿坝藏族羌族自治州金川县观音桥镇进行为时一个月左右的驻村调查。观音桥镇是一个比较纯粹的嘉绒藏族社会，村民以农耕和畜牧养殖为生，他们保持着淳朴的自然崇拜信仰、虔诚慈悲的藏传佛教信仰，风俗习惯与仪式中充满了人对于自然万物的敬畏、尊重和爱护。具体到生产生活实践中也明显可见，例如对于家养牲畜的"惜杀惜售"情结；像爱护家人和生命一样爱护自然万物；农业生产中庄稼受了虫害，先以烟熏的方式驱赶，宁愿请喇嘛念经也不愿喷洒农药；等等。凡此种种，皆是笔者前所未见的，感受到异文化强烈冲击的同时也体会到人对自然的小心保护。但在"热"情绪过后的"冷"思考

---

① 〔美〕蕾切尔·卡逊：《寂静的春天》，吕瑞兰、李长生译，上海译文出版社2014年版，第275页。

中，笔者也看到了观音桥镇经济社会发展不足的事实。大部分村民的生活相对清苦，靠农业生产和打工经济维持温饱，远未达到富足的生活水平。仅有河坝区的部分村民借由观音桥镇开发民族旅游的契机经营店铺、旅馆、餐馆等，生活水平提升较快。这种状况显示，笔者遇到了一条"走了一半的道路"，即生态保护较好而经济社会发展不足。

2015年夏季，笔者再度参加了暑期驻村调查。此次调查得益于远在贵州大学任职的师姐的帮助，地点选在了黔东南苗族侗族自治州的雷山县。之所以选择雷山县，是因为雷山县是当地苗族传统文化保存最好的村落，可以探访很多生态村落。在具体村落的选择上，从新闻媒体宣传和师姐此前的到访经历中，笔者了解到虎河村是雷山县的"生态第一村""卫生第一村""沼气第一村"，因此首先前往该村进行调查。初进苗寨，笔者首先感受到的就是整洁干净的村容村貌和林木丰茂、梯田环绕的自然生态。在之后20多天的调查之中，笔者仿佛经受了一场苗族文化的洗礼，感受到在虎河村生产生活的各个方面，苗族传统文化都渗透其中，且样样离不开对自然生态的尊重、珍爱与保护。但与之前的调查所得不同的是，笔者了解到虎河村在保持良好生态的同时，充分合理规划村庄发展道路，将生态融入到村庄发展的各个方面，初步获得了生态、经济、社会三方面的效益。在经济发展方面，以沼气为纽带的生态农业、生态养殖业发展势头良好，经济效益可观，融入了民族风情的生态旅游成功打出了村庄的特色"名片"，广为媒体报道。在村庄秩序维护上，传统寨老组织与村政组织相互配合、共同治村，传统习惯法与国家法相结合，形成的新型生态村规在维护自然环境、保护生态资源方面发挥了切实有效的作用。在这里，笔者所探求的生态、经济、社会共赢的发展道路有了典型的代表，也因此确定了将虎河村选为调查点。

2015年秋季和2016年冬季，笔者两度返回虎河村进行调查，详细了解村庄的历史背景、文化传统、发展过程等相关内容。在补充调查中笔者发现，村庄如今的生态发展面貌并非一蹴而就的，村庄生态秩序也曾经历过数次波折，这些波折又与当时的社会历史背景、结构制度等因素密不可分。更为重要的是，在数次波折之中，村民对生态的观念、态度也曾几度发生变化，如今自觉进行的生态实践正是在对数次波折进行反思、对自身生态传统进行创新的基础上才得来的。结合费孝通提出的"文化自觉"概念，以及导师先前进行的"生态自觉"研究，笔者发觉虎河村的生态实践可谓是历时态、长时段发展之下显现的一种生态自觉实践。因此之故，笔者尝试在社会与生态变迁的大背景之下，探索并解释虎河村生态方面的反思性实践。

三　研究视角与研究问题

本研究基于黔东南州一个苗族村寨的地方性经验材料，结合历史与现实，通过对村庄社会变迁及生态变化的研究，展示出其从自发到自觉的生态实践的动态图景。这一过程既涉及自然生态、人文生态和主体心态的变化，同时也关乎传统在现代社会中的延续、继承和创新。本研究主要顺着两条主线展开，研究视角与问题因此主要集中在以下两个方面。

其一，以一个苗族村寨的社会变迁及其生态结果为研究"明线"，展示长时段内村庄的社会与生态变化。社会学家米尔斯曾呼吁，"每一门社会学科——或者更恰当地说，每一门经过慎重考虑的社会研究——都需要一个历史的观照领域，并且需要充分地利用历史资料"。① 要独立解释某一时间点上发生的某个事件，实质上颇具难度，因为看似微观或个体层面的社会事实实际上有其发生的宏观或社会层面的背景，对推动这一事实发生因素的解释必须从一个更加宽广的历

---

① ［美］赖特·米尔斯：《社会学的想象力》，陈强、张永强译，生活·读书·新知三联书店 2001 年版，第156—157 页。

史维度中去找寻。环境社会学领域内的研究亦是如此。因此，本研究试图从历史脉络中发掘村庄社会与生态变化的机制，从考察村庄"怎么样"的角度来解释"为什么"的问题。[①] 本研究试图回答以下问题：村庄社会变迁分为几个阶段？每个阶段村庄的社会结构、组织、规范、意识等具有什么样的特点？何种社会因素导致了村庄特定阶段内的变化？每个阶段村庄的社会变化又带来了怎样的生态结果？

其二，以村民的生态观念、生态觉悟的变化为研究"暗线"，展示村庄由"自发"走向"自觉"的生态实践过程，体现生态自觉的实践性、动态性升华过程。村民对于生态的观念隐藏在村庄社会与生态变化的表象背后，属于意识层面，若从动机和心理的角度进行分析，实际上并不好把握。本研究将村民的生态观念框定在具体的社会情境与社会事实之中，通过呈现村民的具体行为与实践，把握渗透在村庄生产与生活中点点滴滴的思想变化。因此，村民生态观念的变化形成了本研究中一条暗中铺陈的线索，经由这条线索，研究尝试回答以下问题：不同历史时期内，村庄社会与生态的变化如何影响了村民对于生态的感知、态度？每个阶段村民的生态观念具有何种特点？村民如何看待其地方生态传统？地方生态传统如何在现代社会中得到延续与转型？

第二节　文献综述

本研究立足于环境社会学的视角，所进行的是一项地方性研究，围绕的核心是生态自觉的实践问题。因此对于相关研究的回顾主要围绕以下三个方面展开：一是关于地方性知识，尤其是地方性生态知识的研

---

① 卢晖临：《通向集体之路：一项关于文化观念和制度形成的个案研究》，社会科学文献出版社 2015 年版，第 22 页。

究；二是环境社会学理论中的相关研究；三是关于生态自觉的研究。

一 地方性知识视角下的生态省思

马克斯·韦伯（Max Weber）曾言明，"人类是悬挂在自己编织的意义之网上的动物"。顺着这一思路，格尔茨（Clifford Geertz）将文化看作是"意义之网"，致力于阐释文化的意义，而地方性知识（Local Knowledge）正是其所采用的方法或立场。由此开始，关于地方性知识的研究日益成为学术界的一个重要话题，尤其对人类学、民族学、社会学等领域的研究产生了深远影响。

尽管并未明确提出严格的地方性知识的概念，但在格尔茨看来，地方性知识作为一种关于地方文化体系的常识，具有自然性（Naturalness）、实际性（Practicalness）、浅白性（Thinness）、不规则性（Immethodicalness）和易获取性（Accessibleness）等特点。[①] 这些地方性知识是在地方社会"与自然环境长期打交道的过程中发展出来的理解、技能和哲学"，"被整合成包括了语言、分类系统、资源利用、社会交往、仪式和精神生活在内的文化复合体。这种独特的认识方式是世界文化多样性的重要方面，为与当地相适的可持续发展提供了基础"。[②]由此观之，地方性知识至少具有两个方面的内涵：一是指地方性知识是特定条件下、以"此地"为对象而形成的知识[③]；二是指知识的形成与发展带有情境色彩，既包括历史情境，也包括相关群体、个体的立场、价值观等。因此，地方性知识所传达出来的中心思想并不在于考察、分辨、判定知识的优劣，而在于考察知识背后的情境、立场、价值观等"如何形成知识的具体情景条件"[④]。这就引出了地

[①] ［美］克利福德·格尔茨：《地方知识》，杨德睿译，商务印书馆2017年版，第135页。

[②] UNESCO, What Is Local and Indigenous Knowledge? http://www.unesco.org/new/en/natural—sciences/priority—areas/links.

[③] 蒙本曼：《知识地方性与地方性知识》，中国社会科学出版社2016年版，第36页。

[④] 盛晓明：《地方性知识的构造》，《哲学研究》2000年第12期。

方性知识在更深层次上的反思意义，即提醒人们警惕文化绝对主义，采取文化相对主义的立场来接近事实。需要注意的是，持有相对主义的文化立场并不意味着狭隘意义上的刻意突出知识的地方性，越来越多的学者也开始注意到"一个无限多种可能并存不悖而且能够相互宽容和相互对话的多彩世界"① 的存在。

地方性知识的问题在相关学科研究中引发了广泛共鸣、讨论和实践，而在生态危机与环境问题频发的当下，地方性知识研究一个非常重要的侧面即是转向对地方性生态知识的关注。在国外学者的生态人类学和民族生态学研究之中，一方面，围绕人与生态的关系、自然资源的利用与维护等核心问题，不同的学者对形形色色文化中的生态知识做出了独到精辟的分析，对于这些生态知识与生态维护之间的关系做出了深入探讨。如对狩猎采集民族的研究显示，非洲狩猎采集民族通过周期性的游居生计充分适应了其生存环境，保证了自然资源的可持续利用。② 对丛林民族的研究发现，马来半岛的奇翁人（Chewong）不仅具有丰富的丛林知识，而且对于"人"和其他物种的关系有着独到的见解，维持着特殊的平衡。③ 对游牧民族的研究发现，游牧民十分精准地把握了水草资源的非平衡分布特征，④ 据此发展出灵活、流动的游牧方式，并在移动中形成了一套精细的知识体系，长久有效地保持着资源的可持续性。⑤

另一方面，许多学者将地方性生态知识与普遍知识、科学知识或

---

① 叶舒宪：《论地方性知识》，《读书》2001 年第 5 期。

② Marshall, S. , *Stone Age Economics*, London：Routledge, 2003, pp. 1 – 20.

③ Howell, S. , "Nature in culture and culture in nature? Chewong Ideas of 'Humans' and Other Species", in Descola, P. and Pálsson, G. eds. , *Nature and Society：Anthropological Perspective*, London：Routledge, 1996, pp. 137 – 154.

④ Ruttan, L. M. and Mulder, B. M. , "Are East African Pastoralists Truly Conservationists?" *Current Anthropology*, Vol. 40, No. 5, 1999, pp. 621 – 652.

⑤ Rapoport, A. "Nomadism as A Man—Environment System", *Environmental Behavior*, Vol. 10, No. 2, 1978, p. 221.

者具有国家权力背景的知识进行对比研究，反思生态破坏与环境问题。最经典的莫过于詹姆斯·斯科特（James C. Scott）的研究。斯科特以欧洲国家的科学林业、坦桑尼亚农牧民永久定居工程以及极端现代主义农业等为例，对"国家出于改造社会良好用意的项目为何失败"① 作出了反思，认为现代科学知识对地方性知识的忽略和取代正是导致国家项目失败、地方生态与环境发生变化的原因。他借用古希腊词汇"米提斯"（Metis）来指称这些地方知识，并提出米提斯的重要特征，即乡土的、与地方生态系统特征相协调的；在实践中获得并与参与个体联系在一起的；经验的且特殊的。② 理查德·芮德（Richard K. Reed）对巴拉圭热带雨林开发的研究也证实了现代知识取代地方性生态知识而带来的严重后果。生活在巴拉圭热带雨林中的瓜拉尼人凭借丰富的生态知识与森林世代共存共荣，而具有现代性背景的雨林开发计划却忽视、低估、破坏了瓜拉尼人的生态知识，结果不仅造成了热带雨林的严重毁损，还导致瓜拉尼人的传统社会解体、文化难以为继等问题。③

相比之下，我国学者对地方性生态知识与普遍知识、科学知识等的对比研究更具有反思和发展的意味，这些研究大多着眼于地方性生态知识的价值，聚焦于其转化利用，强调尊重地方生态知识的同时也不偏颇地批判科学知识或普遍知识，注重二者的协调统一。例如，针对草原生态问题，众多学者对草原生态"治而不力"的问题进行了反思，认为国家政策、市场力量不同程度地忽视了当地牧民本土生态知

---

① Scott, J. C., *Seeing Like A State: How Certain Schemes to Improve the Human Condition Have Failed*. London: Yale University Press, 1998.

② 赵光勇：《乡村振兴要激活乡村社会的内生资源——"米提斯"知识与认识论的视角》，《浙江社会科学》2018 年第 5 期。

③ Reed, R., "Forest Development the Indian Way", in Spradley, J. P. and McCurdy, D. W. eds., *Conformity and conflict: Readings in cultural anthropology*, New Jersey: Pearson Education, Inc., 2011, pp. 105 – 115.

识的科学性和合理性。① 反观游牧民族的地方性生态知识，从技术传统、居住格局、轮牧方式到宗教价值、环境伦理的方方面面均直接或间接地保护了草原生态。② 因此对于草原生态问题的治理之道，不仅要重视、发掘、抢救和提炼游牧民地方生态性知识，③ 重视游牧民主体的"文化参与"，④ 而且要寻求民间知识体系与现代知识体系的最佳结合点，⑤ 以传统知识重构为动力开发动态复合型应对措施，⑥ 以此规避生态和社会的多种风险。

针对西南民族地区尤其是苗族地区生态知识的研究对本研究最具有启发意义。苗族人民生活在地理环境复杂、自然生态特殊的西南山地，生活在当地的民众凭借丰富多彩的生态知识、生态智慧精心地维护着"山—水—林—田—地"系统的平衡，其生计传统、自然资源管理与维护、世界观与信仰体系的各个方面都闪耀着"生态解困"的光辉。

首先，生计传统与生态保护。在水热条件适宜的地区，"稻鱼共生"的梯田耕作实现了鱼稻互养、种养结合。⑦ 由于深谙森林对于梯田耕作、保持水土的重要性，苗民创制出独特的营林、护林技术以维持生态系统的稳定。例如对杉木的人工抚育。在种植与管理时，苗民依据土壤和地势特点来定植，并采取多树种复合营林技术，伴种落叶阔叶树和部分常绿阔叶树等防治病虫害蔓延。⑧ 采用"林粮间作"的

---

① 王晓毅：《环境压力下的草原社区》，社会科学文献出版社 2009 年版。

② 麻国庆：《草原生态与蒙古族的民间环境知识》，《内蒙古社会科学》2001 年第 1 期。

③ 陈祥军：《知识与生态：本土知识价值的再认识——以哈萨克游牧知识为例》，《开放时代》2012 年第 7 期。

④ 阿拉坦宝力格：《民族地区资源开发中的文化参与——对内蒙古自治区正蓝旗的发展战略思考》，《原生态民族文化学刊》2011 年第 1 期。

⑤ 麻国庆：《游牧的知识体系与可持续发展》，《青海民族大学学报》（社会科学版）2017 年第 4 期。

⑥ 孟和乌力吉：《蒙古族资源环保知识多维结构及其复合功能》，《中央民族大学学报》（哲学社会科学版）2015 年第 3 期。

⑦ 罗义群：《生物均衡利用与民族自治地方和谐发展》，民族出版社 2013 年版。

⑧ 杨庭硕、杨曾辉：《清水江流域杉木育林技术探微》，《原生态民族文化学刊》2013 年第 4 期。

方式配种旱地杂粮作物，以调整杉苗成长的小气候、改良土壤属性等。[①] 在取用木材时，在特定时间采取轮伐或间伐，[②] 并在主伐后留下树墩不加清除，选用火焚消毒、糯米汁胶凝创口，[③] 保护杉苗生长的物质基础。后期在生产实践中进一步探索总结出"实生苗"营杉技术，培养出健壮且不易生病虫害、不易损伤的优良杉木。[④]

而在缺水少土、石漠化严重的喀斯特地区，苗民以农、林、牧、采集、狩猎多项目的复合经营来适应环境，以耕作不翻表土、多种农作物混合种植、复合利用资源、农牧兼营等技术有效控制水土流失，维护生态平衡[⑤]。在化解石漠化风险时，苗民更是总结出了多种有效办法。例如，从不需翻土种植的桄榔木中获取主食，规避当地的生态脆弱环节；[⑥] 通过种植藤蔓作物来覆盖裸露的岩石表面以恢复生态，配合人工驯养中华蜂来加强授粉，促进藤蔓植物的生长；[⑦] 人为扩大天然生长的水生植物、苔藓植物、湿生植物等的区域，以堵塞地漏斗、恢复溶蚀湖，防治生态灾变[⑧]；等等。

其次，传统资源管理制度与生态保护。传统时期，苗族社会为更好地利用自然资源、维持自身发展，自成一套行之有效的社会规范。

---

① 罗康智：《对清水江流域"林粮间作"文化生态的解读》，《贵州社会科学》2019年第2期。

② 梅军：《黔东南苗族传统农林生产中的生态智慧浅析》，《贵州民族学院学报》（哲学社会科学版）2009年第1期。

③ 徐晓光：《清水江杉木实生苗技术的历史与传统农林知识》，《贵州大学学报》（社会科学版）2014年第4期。

④ 徐晓光：《清水江杉木实生苗技术的历史与传统农林知识》，《贵州大学学报》（社会科学版）2014年第4期。

⑤ 罗康隆：《论苗族传统生态知识在区域生态维护中的价值：以贵州麻山为例》，《思想战线》2010年第2期。

⑥ 罗康智：《复合种养模式对石漠化灾变区生态恢复的启迪——以贵州省麻山地区为例》，《贵州社会科学》2017年第6期。

⑦ 李彬：《围绕中华蜂保护与利用展开的苗族文化生态探讨》，硕士学位论文，吉首大学生态民族学专业，2014年。

⑧ 田红、周焰：《苗族本土知识对恢复溶蚀湖的借鉴价值探析》，《原生态民族文化学刊》2016年第3期。

这套社会规范被称为榔规,其内容中十分重要的一个部分即是生态榔规,涵盖了森林、土地、水、动物资源等方方面面的利用规则。例如,在森林资源利用方面,锦屏县、天柱县等地保留下来的林业碑刻详细记载了当地苗民保护森林的规范措施。具体包括:对偷砍乱伐者依据所砍树种、树木大小和位置等标准作出的惩罚办法;[①] 专人看管和巡视山林的办法;柴山中允许砍伐的时间、数量等规定;[②] 木材、山地等买卖和租佃办法、林木纠纷解决契约等。[③] 再如,在水资源利用与管理方面,黔东南苗族各村寨用水、护水办法概括起来有以下几点内容。在用水灌溉方面,遵循田水均分、原沟取水、轮班用水、新开田就近供水的原则。[④] 在护水方面,严格保护水源地、水井周边环境,对违反者依据情节严重程度作出相应惩罚。

第三,民间信仰与生态保护。苗族人民的民间信仰具有突出而浓厚的"万物有灵"色彩,以此为中心形成的自然崇拜信仰,以及后来发展出的图腾崇拜信仰都蕴含着朴素的生态保护意识。例如,苗民对神山、神树的崇拜以及由此生发出的一系列山林祭祀仪式客观上加强了对山林的保护;[⑤] 对于水、火的崇拜及敬畏使其发展出一系列的禁忌及禳解仪式,客观上起到了维护生态安全的效果。这些朴素的、自发的生态观念通过代代传承积淀为人与自然和谐相处的思想基础。[⑥]

在西南山区所面临的严峻生态挑战面前,学者们提出在生态治理

---

① 徐晓光:《原生的法:黔东南苗族侗族地区的法人类学调查》,中国政法大学出版社 2010 年版,第 232 页。

② 洪运杰:《黔东南苗侗民族环境保护习惯法研究》,硕士学位论文,西南政法大学法制史专业,2010 年。

③ 罗洪洋:《清代黔东南锦屏苗族林业契约的纠纷解决机制》,《民族研究》2005 年第 1 期。

④ 徐晓光:《原生的法:黔东南苗族侗族地区的法人类学调查》,中国政法大学出版社 2010 年版,第 219—222 页。

⑤ 石朝江:《中国苗学》,贵州大学出版社 2009 年版,第 237—247 页。

⑥ 张祝平:《生态文明视阈中的民间信仰》,暨南大学出版社 2013 年版,第 14—15 页。

与修复的过程中必须高度重视、抢救发掘和整理传承上述种种本土生态知识,①并将其实践应用置于全球和多元的背景之中,②以此来化解生态危机之困。

顺着学者们的研究思路,本研究试图挖掘、解读一个苗族村寨中的生态传统和智慧,并展现经历了社会长时段的变迁之后,地方社会如何在没有外部强制力施压的情况下自觉实现生态传统的"返本开新",以与现代乡村社会的生态发展要求协调统一,实现村庄经济效益、社会效益、生态效益"三效合一"的良好发展,而这也正体现了村庄由"生态自发"走向"生态自觉"的过程。对这一过程的研究也表明,本研究中对地方性生态知识的解读并不持有"生态上的'高贵野蛮人'"之见,而是仅就实践领域中村庄所展现出来的生态传统进行考察和分析,客观地分析其在自然资源利用与生态系统维护中的功能。

二 环境问题的成因与解决出路

20 世纪 60 年代以来,随着工业化在全球范围内的迅速推进,生态破坏、环境污染等问题愈演愈烈,人与自然之间的关系岌岌可危。一些学者敏锐地捕捉到了这一问题,并从社会学的学科视角进行解读,形成了独具特色的环境社会学研究。

若以当下为时间坐标纵观环境社会学的研究历程,其中较为主要的研究不外乎两类。一类是回溯、反思式的研究,即向已发生的环境问题中寻找其产生机制,解读其环境影响。国外典型代表如怀特(Lyn White)从历史文化传统的角度追溯犹太—基督教与生态危机的关系;③施耐伯格(Allan Schaniberg)从政治经济学视角提出"大量生产—大

---

① 杨庭硕、田红:《本土生态知识引论》,民族出版社 2010 年版,第 61—133 页。
② 李霞:《生态知识的地方性》,《广西民族研究》2012 年第 2 期。
③ White, L. "The Historical Roots of Our Ecological Crisis", *Science*, Vol. 155, No. 3757, 1967, pp. 1203–1207.

量消费—大量废弃”的资本主义“生产跑步机”（Trademill of Production）造成了环境问题与生态破坏。[1] 国内经典研究如洪大用从中国社会由传统农业社会转向现代工业社会、由高度集权的计划经济转向市场经济体制的转型实践[2]中解读环境问题；张玉林总结出“政经一体化”机制导致了明显的“污染保护主义”倾向；[3] 陈阿江提出中国在“追赶式”现代化过程中经由历史文化压力和特殊心理文化结构催生的“次生焦虑”[4] 构成了环境问题发生的社会文化根源；等等。

　　另一类则是着眼于当下和未来，致力于如何解决环境问题、实现人类更好发展的研究。典型代表如生态现代化理论（Ecological Modernization）、风险社会理论（Risk Society）和生活环境主义。这一类研究对本书的启发较大，因为单纯的寻根、批判并不足以解决环境问题，还应在批判和反思的基础上通过具有建设性的方案来提升环境质量。并且，从另一个侧面来说，这也是人类行动自觉性提升的表现，即糅合了认知、反思与实践的自觉性的体现。此类研究中所涉及的环境问题解决思路尽管绝不能照搬照抄到中国的实践中，但其中所蕴含的道理无疑具有重要的启发和借鉴意义。因此，这一部分的论述将主要围绕上述几个理论展开。

　　生态现代化理论提供了一种乐观的、以积极的社会现代化而非“反现代化”来解决环境问题[5]的努力和可能。早期生态现代化研究

---

　　① Schnaiberg, A. , Pellow D. and Weinberg A. , "The Trademill of Production and The Environmental State", in Mol, A. P. J. and Buttel, F. H. eds. , *The Environmental State under Pressure*, 2002, Greenwtich: JAI Press, pp. 15 – 32.

　　② 洪大用：《社会变迁与环境问题：当代中国环境问题的社会学阐述》，首都师范大学出版社 2001 年版，第 92—107 页。

　　③ 张玉林：《政经一体化开发机制与中国农村的环境冲突》，《探索与争鸣》2006 年第 5 期。

　　④ 陈阿江：《次生焦虑：太湖流域水污染的社会解读》，中国社会科学出版社 2010 年版，第 186 页。

　　⑤ 林兵：《环境社会学理论与方法》，中国社会科学出版社 2012 年版，第 117 页。

特别强调技术创新在环境治理方面的作用,[①] 后期研究逐级聚焦于特定的社会与政治过程,以"反省式"的态度关注社会制度和文化因素,关注消费的生态转型研究、社会公平研究、生态意识研究等,并将研究的地理范围扩展至多个国家、区域和地方之中。这种发展体现出由"技术—行政"式生态现代化向"反思式"生态现代化的发展趋势,也体现出由弱的(经济技术型)生态现代化向强的(行政民主型)生态现代化的发展趋势。尤为重要的是,在此发展转型过程中,生态现代化日益强调生态观念转型,认为如果忽视了这一点,或者未能对人的能动性及其所处的社会环境给予充分的关注,那么就会缺乏当前生态现代化理论话语的时效性和适当性。[②] 尽管生态现代化理论也面临诸多的批判,但毫无疑问,这种将"生态化"内涵融入"现代化"概念之中的"反思式"研究提供了现代化和可持续发展的兼容路径,为经济发展与环境保护的二元悖论提供了可能的解决之道,闪烁着人与自然和谐共处的希望之光。

同样地,风险社会理论的提出在本质上也是对现代性的反思,[③]尤为重要的是提出了通过反思启蒙理性与重构生态理性来走出生态困境的可能。[④] 作为风险社会理论的创始人,贝克(Ulrich Beck)认为由启蒙理性所驱动的工业现代性将人类带入了环境污染、基因突变、生态灾难等风险丛生的社会境遇之中,使人们生活在现代性即"生活在现代文明的火山口"。[⑤] 而应对风险社会的前提与基础在于进行生态

[①] Mol, A. P. J. and Sonnenfeld, D. A., *Ecological Modernisation Around the World：Perspectives and Critical Debates*, London：Routledge, 2014, pp. 17 - 50.

[②] 孙蕾、李伟:《建立公众生态观念以实现生态现代化的途径探讨》,《青海社会科学》2012 年第 4 期。

[③] 卢春天:《美欧环境社会学理论比较分析与展望》,《学习与探索》2017 年第 7 期。

[④] 潘斌:《风险社会与生态启蒙》,《华东师范大学学报》(哲学社会科学版)2012 年第 2 期。

[⑤] Beck, U., Lash, S. and Wynne, B., *Risk society：Towards A New Modernity*, 1992, London：Sage, p. 17.

启蒙，对人与自然关系重新定向，在批判各种不合理的人类中心主义的基础上追求一种成熟的人类中心主义。①

就在西方国家致力于解决生态困境之时，东亚国家也同样深受环境风险的困扰。但作为后发内生型现代化国家，日本等国的国情明显与欧美早发内生型现代化国家不同，因此尽管面临着与欧美国家类似的生态危机与环境问题，东亚各国的解决之道却大为不同。学者们深谙这一点，将研究目光转回本土，依据本国经验探讨生态危机与环境问题的发生机制，并发展出适宜的生态解困办法。

在日本，社会学具有擅长分析人们生活的传统。因此在"现代技术主义"完全信赖科学技术治理环境问题与"自然环境主义"严格限制人类活动以保护生态的分歧之间，鸟越晧之等学者建立了一种折中的"生活环境主义"，②即在理解和处理环境问题时，重视生活者的生活实践活动以及由此得出的对环境的态度。③这一范式的出发点在于人与自然的和谐相处，落脚点在于实现人类社会的可持续发展，发力点在于尊重、挖掘并激活当地生活者的生态智慧，激发当地居民作为主体参与生态与环境治理。

综上所述，各个国家、各种理论流派都对生态危机与环境问题进行了深入探讨，本质上也是对人类实践活动以及人与自然之间关系的自觉反思。综合看来，就如何解决生态困境，研究共识之一便是组织创新、制度优化、技术调整等手段固然重要，观念层面的革新也不能忽视，甚至应该更加重视。由此便正式引出了实现生态转型与可持续发展必需的生态自觉问题。

---

① 潘斌：《风险社会与生态启蒙》，《华东师范大学学报》（哲学社会科学版）2012 年第 2 期。
② ［日］鸟越晧之：《环境社会学——站在生活者的角度思考》，宋金文译，中国环境科学出版社 2009 年版，第 50—55 页。
③ 宋金文：《生活环境主义的社会学意义：生活环境主义中的生活者视角》，《河海大学学报》（哲学社会科学版）2009 年第 2 期。

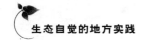

三 从"文化自觉"到"生态自觉"

"生态自觉"作为一种学术观点，其研究在各个学科、领域内均有所涉及。从已有的研究来看，主要集中在哲学、马克思主义和社会学研究领域。其中，集中在哲学和马克思主义领域的生态自觉研究主要有两方面的趋势。一方面是以"人"为中心的研究。这类研究基本从人学视角出发，认为生态问题归根到底是人的问题，[①] 工业文明的反生态本质也有着深刻的人学根源，因此必须以反省人与自然关系的生态自觉来完善人性，[②] 以达到建设生态文明的目的。另一方面是以"文化"为中心的研究。在这类研究中，生态自觉通常被置于文化危机、文化转型、民族复兴等视域下进行研究。学者们大多回溯与反思了不同历史阶段人类文明与文化的形态，提出必须以生态文化消解生态困境，[③] 积极培育与构建"物的自觉"与"人的自觉"二者结合的生态自觉。[④]

可以看出，上述两方面的研究高屋建瓴，引领方向，对于准确把握生态自觉的内涵与建构路径极为重要。但作为一项社会学研究，本研究并不能，也不可能脱离经验而空谈思辨，故而，社会学领域内承袭"文化自觉"概念而来、立足于经验研究基础之上的"生态自觉"概念对本研究更具有启发和借鉴意义。

作为"生态自觉"概念的上位概念，"文化自觉"概念的内涵、由来发展以及概念中包含的生态维度有必要在此一一交代。早在20世纪80年代末，一些学者已经敏锐地捕捉到了中国文化传统的超越

---

① 丰子义：《生态文明的人学思考》，《山东社会科学》2010年第7期。
② 刘希刚、韩璞庚：《人学视角下的生态文明趋势及生态反思与生态自觉：关于生态文明理念的哲学思考》，《江汉论坛》2013年第10期。
③ 刘湘溶：《生态文明建设：文化自觉与协同推进》，《哲学研究》2015年第3期。
④ 于冰：《论生态自觉》，《山东社会科学》2012年第10期。

与参照系确定问题、中西文化比较研究中释义学难题的解决[1]以及个体的文化发展与价值实现问题。[2] 这实际上已经触碰到了文化自觉的研究议题，但并未形成清晰而权威的定义。这一未竟的工作在费孝通的研究中得到新的展开。1997 年，费孝通在北京大学举办的第二届社会学人类学高级研讨班上明确提出了"文化自觉"的命题，并赋予其清晰的定义。他认为，"所谓文化自觉，是指生活在一定文化中的人对其文化有自知之明，明白它的来历、形成过程，所具有的特色和它发展的趋向，不带任何文化回归的意思，不是要复旧，同时也不主张全盘西化或全盘他化，自知之明是为了加强对文化转型的自主能力，取得决定适应新环境、新时代时文化选择的自主地位"[3]。同时，费孝通强调，"文化自觉的基本价值意蕴和旨趣是和其他文化一起，取长补短，共同建立一个有共同认可的基本秩序和一套与各种文化能和平共处、各抒所长、联手发展的共处守则"[4]。进而，费孝通提出文化自觉发展的十六字箴言，即"各美其美，美人之美，美美与共，天下大同"[5]。

文化自觉是费孝通从"生态"到"心态"研究转向的结果，其中就蕴含着其对于人与自然关系的再认识，鲜明地表现在其对中西方文化世界观和价值观的考察之中。[6] 在费孝通看来，西方文化存在着

---

[1] 许苏民：《中国近代文化自觉三题》，《福建论坛》（人文社会科学版）1989 年第 2 期。

[2] 邹广文：《论文化自觉与人的全面发展》，《哲学研究》1995 年第 1 期。

[3] 费孝通：《反思·对话·文化自觉》，《北京大学学报》（哲学社会科学版）1999 年第 3 期。

[4] 费孝通：《费孝通文集》（第十四卷），群言出版社 1999 年版，第 197 页。

[5] 费孝通：《费孝通文集》（第十四卷），群言出版社 1999 年版，第 155 页。

[6] 尽管存在着一定的局限性，但费孝通的研究或多或少地体现着他对于生态与环境问题的关注。例如，在边区研究中，对内蒙古赤峰的考察使其注意到环境是牧区发展的一个重要因素，据此费孝通总结了导致赤峰地区生态失衡的主要原因——滥砍、滥牧、滥垦、滥采。再如，在小城镇研究中，他谈到了长三角地区工业污染向四周农村和城镇扩散的问题，并在晚年反思了他过于重视小城镇的正功能而未正视其污染青山绿水的一面。[参见费孝通《费孝通文集》（第十二卷），群言出版社 1999 年版；《费孝通全集》（第九卷），内蒙古人民出版社 2009 年版，第 496 页；《费孝通全集》（第十五卷），内蒙古人民出版社 2009 年版，第 25 页。]

"天人对立"的偏向,① 而且这里的"人"实际上是利己主义的"己",正是这种"扬己"的倾向造成了人与自然的对立,导致环境的压力,也导致了人与人的对立。② 相比之下,中国文化传统中的"天人合一"观念一方面通过强调"克己"来协调人与自然、人与人之间的关系,以"安其所";另一方面强调自强不息和积极进取,以"遂其生",而这也是潘光旦所阐发的"天地位、万物育"的理想境界。③ 在这种文化的比较反思中,费孝通清醒而深刻地认识到,"充满'东方学'偏见的西方现代化理论,常成为非西方政治的指导思想,使作为东方'异文化'的西方,成为想象中东方文化发展的前景,因而跌入了以欧美为中心的文化霸权主义陷阱"。④ "我们在接受西方现代科学的同时,基本上直接接受了西方文化的人与自然的二分的、对立的理念,而在很大程度上轻易放弃了中国传统的天人合一的价值观"。⑤

　　受到费孝通"文化自觉"概念的启发,陈阿江在对南方农村发展中的环境问题,尤其是太湖流域日趋严重的水污染问题进行研究时提出了"生态自觉"的概念。在他的早期研究中,以"人水关系"为核心的研究发展出两种理想类型,即"环境衰退和污染导致疾病、贫困及其他次生问题"的"人水不谐"型,以及生态、经济与社会协调发展的"人水和谐"型。⑥ 进而,其研究从以利益相关者视角和深层次的社会历史原因⑦中探讨"人水不谐"型社区的问题成因,转向尝试回答从"人水不谐"关系到"人水和谐"关系转化的关键所在,

---

① 费孝通:《文化论中人与自然关系的再认识》,《群言》2002 年第 9 期。
② 王君柏:《文化自觉:寻求中国社会学自身的坐标》,《社会科学辑刊》2019 年第 1 期。
③ 王君柏:《文化自觉:寻求中国社会学自身的坐标》,《社会科学辑刊》2019 年第 1 期。
④ 费孝通:《费孝通全集》(第十六卷),内蒙古人民出版社 2009 年版,第 40—59 页。
⑤ 费孝通:《文化与文化自觉》,群言出版社 2010 年版,第 387 页。
⑥ 陈阿江:《论人水和谐》,《河海大学学报》(哲学社会科学版) 2008 年第 10 期。
⑦ 陈阿江:《次生焦虑——太湖流域水污染的社会解读》,中国社会科学出版社 2010 年版,第 186 页。

在此过程中逐步形成了"生态自觉"的概念。

准确地说,"生态自觉"与"生态利益自觉""被迫的转型"同为产业或社会转型的三种理想类型。其中"生态自觉"是最高层次的转型,它破除了"人类中心主义"的迷思,兼顾了人类与人类以外的生态系统的关系。"生态利益自觉"是中间层次的转型,指的是自觉意识到生态或环境的"外部性"可以给系统(企业或社区)造成经济损失(成本)或带来经济收益。尽管仍然以人类的利益为中心,但生态利益自觉已经兼顾了短期利益和长期利益、"我"的利益与"我"之外的环境利益。细分之下,这种利益自觉又存在着"先"与"后"的差别,主动认识并抓住生态转型机遇的即是"先觉",经历了困难(污染、危机等)才转向生态发展的即是"后觉"。最低层次的转型是被迫转型,例如污染企业迫于外部强制力而非生态责任意识的关、停、并、转、迁等都属于此种类型。① 在后续研究之中,陈阿江丰富了"生态自觉"的内涵,以此引领环保新理念,② 强调重视地域传统智慧,探索传统生态生产范式、绿色生活方式与现代技术的有效结合之路。③ 在总结反思生态自觉对生态文明建设的重要性之时,他提出生态自觉是在生态层面做到的"自知之明",要从中国过去与当下的生态实践、国外与中国的生态实践两个层面进行反思比较。④

几乎与陈阿江同时,景军在对环境抗争的研究中提出了"生态文化自觉"的概念。尽管概念的表述方式不同,但在内涵上,"生态文化自觉"同样承袭"文化自觉"概念而来,也是一种"涉及生态问题的文化自觉",⑤ 也涉及对生态转型发展过程中人的认知和文化作用

① 陈阿江:《再论人水和谐》,《江苏社会科学》2009 年第 4 期。
② 陈阿江:《生态自觉:引领环保新理念》,《中国社会科学报》2010 年第 4 期。
③ 陈阿江:《生态自觉:文明建设中的终极议题》,《中国周刊》2017 年第 10 期。
④ 陈阿江:《生态自觉:文明建设中的终极议题》,《中国周刊》2017 年第 10 期。
⑤ 景军:《认知与自觉:一个西北乡村的环境抗争》,《中国农业大学学报》(社会科学版)2009 年第 4 期。

的学术关怀。需要指出的是，在景军的研究视野中，"生态文化"并非哲学层面上非常宏大的文化观念，而更倾向于地方文化意义上有助于维护生态与环境的信仰或崇拜、宇宙观或世界观、生态环境意识等。① 因此，尽管这一研究是在环境抗争领域内的研究，但地方文化及其生态维度的重要性凸显出来，足以证明其是重要且值得关注的。

关于生态自觉的研究还在经验的层面上继续拓展开来。例如，程鹏立通过对小坑村生态茶叶发展的案例研究，分析村民由单纯的经济理性向生态经济理性转变的过程及原因，充实发展了"生态利益自觉"的内涵。② 再如，陈涛对当涂生态养殖业中农村精英的作用进行了考察，认为农村精英的生态实践经历了从"生态自发"到"生态利益自觉"的形成过程。当生态利益自觉成为普遍性的社会行为时，自下而上地抵制污染产业、自上而下地预防污染就都形成了一定的社会机制。③

上述学者的研究对本研究具有十分重要的启发和借鉴意义。顺着生态自觉的研究方向和思路，本研究力图向前推进一步，以历时的角度、结合地方的视角、立足于实践之上来对生态自觉进行考察，展现生态自觉及其实践的过程性的一面。在本研究中，生态自觉首先具有两方面的内涵。一方面指的是人对于生态的地位、作用、意义等的觉醒或觉悟，即人类能够对生态的地位、价值等作出准确、科学和合理的评估。另一方面指的是人对于其本身行为方式的觉悟，即人类在进行经济社会活动时，能够将生态保护作为预先观念和根本出发点，并主动践行、适时调整其不当行为，以可持续的方式作用于自然生态。其次，生态自觉并非停留在概念或思辨的维度，而是通过动态的实践过程体现出来的，与人

---

① 景军：《认知与自觉：一个西北乡村的环境抗争》，《中国农业大学学报》（社会科学版）2009 年第 4 期。

② 程鹏立：《从经济理性到生态经济理性》，《贵州社会科学》2011 年第 2 期。

③ 陈涛：《从"生态自发"到"生态利益自觉"》，《社会科学辑刊》2012 年第 2 期。

类的各种实践活动息息相关。这也决定了其根植于历史与社会的土壤，具有传统与现实的双重维度。正是在不断地实践过程中，通过对现实的反思和对生态传统的认知与创新，生态自觉得以形成和发展。最后，生态自觉很难在一个稳定的、封闭的社会环境中为人所察知，只有在经历了社会转型以及与异文化的接触后才容易发生。因此之故，本研究将对生态自觉的考察置于社会变迁的重要历史时段之中，结合地方社会文化变化和生态变化来探究生态觉悟的变化。

第三节　研究方法

本研究遵循的是个案研究的基本范式。具体通过文献法、参与观察法和深度访谈法等方法收集资料。在此基础上，笔者努力以"文化持有者的内部眼界"[①] 来理解和解释地方社会实践的内部特性。

一　案例选取

本研究是一项实地研究，采用定性研究的方法，对一个案例进行研究和分析。笔者力图做到的一点即是完整呈现个案的事实本身，竭力深入探索并展示个案背后所存在的"一定社会内部之运动变化的因素、张力、机制与逻辑"，[②] 确立对研究个案"情境性"的解释性理解，并努力将之付诸笔端。在个案选取上，笔者做以下几点说明。

第一，本研究尽管呈现的是村域范围内的社会事实，但意图呈现的生态自觉实践与长时段内的文化积淀密不可分，因此把握文化背景是进行研究的关键点之一。虎河村及其所在的雷山县是苗族传统文化

---

① ［美］吉尔兹：《地方性知识》，王海龙、张家瑄译，中央编译出版社 2000 年版，第 73 页。

② 吴毅：《何以个案、为何叙述——对经典农村研究方法质疑的反思》，《探索与争鸣》2007 年第 4 期。

保存完好的典型。就县域背景而言，一方面，雷山县生态系统与自然环境至今保存比较完整，曾被联合国专家誉为"人类迄今保护最好的一块世外桃源"，苗族传统文化赖以生存和发展的生态空间保持得相当完好。另一方面，雷山县是苗族历经五次大迁徙后的核心聚集地之一，也是苗族文化的主要传承地之一。苗族文化特征显著、个性强烈，至今苗族文化核心仍然保持着传统的风貌，雷山县也因此被誉为中国"苗族文化的中心"。

就村域背景来说，虎河村在历史上一直处于"化外之地"，是国家权力未曾涉入的"生苗"之界，一直不曾经受中央王朝的思想、文化等的浸淫。清朝雍正年间，虎河村虽被纳入国家行政管辖体系，但事实上执行的仍然是地方的自我管理。这种"自治"的状况一直维持到民国以后才渐渐被打破。因此，苗族传统的生产习惯、服饰、建筑、节日、组织、制度、信仰等文化的方方面面得以长期延续和保存，至今仍在发挥重要作用。而正是透过这些保存完好的文化事象，地方生态传统、生态知识以及村民的生态观念等才能够以自然的、未经扭曲的方式显现出来，这些方面发生了哪些变化、为何发生变化才能得到合理的述说与解释。

第二，虎河村是雷山县乃至黔东南地区生态发展的典型村庄。这种典型性表现在两个方面。一方面是生态发展的典型性。虎河村保留着较为完好的生态传统，无论是生态生产习惯的沿袭、生态知识的继承，还是传统社会组织、环境保护习惯法的保留，抑或自然崇拜、图腾崇拜信仰的活跃程度，都体现出浓厚的传统遗风。在当今社会发展新情势的要求之下，虎河村对其生态传统进行了继承与创新发展，在现代生产生活实践中实现了延续与转型。并且，这种生态发展是成效显著的，虎河村不仅早在20世纪90年代就已经成为雷山县乃至黔东南地区的"沼气第一村""生态第一村"，成为黔东南地区生态发展的典范，而且在近些年进一步发展生态产业、保护生态资源，达成了村庄生态、经济与社会共赢发展的良好局面。另一方面是自觉发展的典型性。虎河村的可贵之处在于，村庄对于生态重要性的认识、对于生态传统的转化利用等均是自下而上、自觉主动进行的。村级组织以及村民不同程度地对过去的生态问题进行了反思，正视、认同其生态传统，并积极主动地将生态发展付诸实践。

二　资料获取

本研究以一个苗族村庄为个案，采用定性研究方法，扎根于田野，期望通过"对社会现象进行深入细致的研究，再现其本质"。①在资料获取上，本研究主要通过文献法、参与式观察法以及访谈法收集研究资料。

（一）文献法

文献法作为一种最基础、用途最广泛的研究方法，是获得研究的背景信息、基础性信息与知识的重要途径。本研究所使用的文献主要包括以下三方面：（1）地方史志文献。地方史志文献是研究者系统了解研究地域社会、历史、文化等方面的重要资料。在本研究中使用的地方性文献主要包括地方志、地方文史资料、档案、统计年鉴等。（2）神话、史诗、歌谣等民间文学资料。这些资料尽管使用了夸张的文学手法，但含有大量体现苗族人民原始思维、日常生活、组织制度、民间规范、民间信仰等的内容，是辅助研究苗族地方传统不可多得的优秀资料。除了利用苗族本族人民创作的神话、诗歌等，本研究还借鉴了一些游历到雷山地区的官员、诗人、学者所做的笔记、文集、诗词、调查资料等，以与苗族本族资料相互印证。（3）县域与村庄相关资料。此类材料是了解地区及村庄状况最为直观的材料。调查中，笔者走访了雷山县政府、县政协、农业局、林业局、统计局、档

---

① 陈向明：《社会科学中的定性研究方法》，《中国社会科学》1996 年第 6 期。

案馆、图书馆、方志办公室、非遗文化中心等相关部门，收集了县域范围内的相关资料。村域范围内，笔者通过收集村规民约、村干部工作日志、村庄张贴的文件制度等获取了相关资料。（4）互联网信息。虎河村在20世纪60年代中期在黔东南地区就已经小有名气，后来的生态发展更是得到了诸多关注，很多关于村庄生态发展、民族传统文化继承与发展的信息以新闻报道、纪录片、诗词歌赋的形式呈现在互联网媒体平台之中，并保持实时更新。笔者时时关注这些信息，努力掌握并追踪村庄发展动态，保持研究材料的不断更新。

（二）参与观察法

参与观察法是社会学研究者开展田野工作、获得田野资料最基本、最重要的方法之一。在进行田野调查时，笔者选择了驻村调查的方式，以参与者的身份"嵌入"到研究对象的社会环境与日常生活中去，以一种平等、信任和理解的眼光来观察研究对象的日常实践。这种观察也是开放式的，既不带有任何文化价值偏见，也不为证实或证伪某种理论预设，而是在具体的、自然的场景中去感受和观察，"是展示和说明，而非证实和推论"①。笔者的身份并未对当地村民做任何隐瞒，"学生"身份不仅没有妨碍笔者的调查，反而成为笔者的"保护色"。这种角色有别于"客人""记者""官员"，使村民既不会有"说错话"的担忧，也不会有"被看低"的感觉，也正因如此，笔者与村民之间在自然情境下的互动也多了一些有意思的内容。

笔者先后三次往返田野。第一次是在2015年8月，历时20天。第二次是在2015年10月，历时30天。第三次是在2016年11月，为期10天。在三次调查之中，笔者都居住在当地村民家中，与村民同吃、同住、同劳动，在田间地头、饭桌酒桌上逐渐培养起深厚的感

---

① 陈向明：《质的研究方法与社会科学研究》，教育科学出版社2000年版，第12、107页。

情。也正是在这样的场景之中，笔者观察到了最为真实自然的村民生活，而不是"摆拍"出来的村庄样态。

笔者的三次调查各有侧重，参与观察的方面也各有不同。初次调查时，笔者对田野完全是陌生的、无知的，因此展开的是一些"面"上的调查，即关于村庄生产生活方方面面的调查。在此基础之上初步形成了研究主题。第二次调查之时，笔者带着研究主题重回田野，尤其注重观察村民在生产生活中所展现出来的生态实践。例如村民如何维护梯田、引水分水；如何砍伐柴山、对待风水林；如何使用沼气、利用沼肥进行生态种植和养殖；如何制定生态村规；等等。在此期间，民族节日、仪式、祭祀场景也成为笔者重点参与观察的场合。在帮助村民规划节日事项、参与活动的过程中，笔者注重观察节日及仪式的程序、礼物、礼单、来宾、活动等方面的内容，接触到了较为原始的苗族传统文化内核。诸如"九巅"祭桥、祭花树等的日常祭祀场合也很有助于笔者理解苗族文化。第三次是笔者的回访调查，目的在于补充一些遗漏的材料。

（三）访谈法

本研究采用的是无结构访谈与半结构访谈相结合的方式。无结构访谈也可以说是一种"漫谈"，即对所要访问的内容、程序等都没有作出规定，由访问者与被访者进行自由交谈。半结构访谈则具备一定的访谈提纲，形成一定的具体问题，但在实际访谈中，对于如何发问，则可由访谈者根据实际情况灵活掌握。在具体的田野工作中，无结构访谈主要发生在笔者初次进入田野之时，半结构访谈主要应用在笔者第二次和第三次田野调查之中，这也是与笔者的田野研究进路、问题形成思路相吻合的。

所访谈的对象主要涉及三类。一类是村庄精英。包括村干部、寨老、沼气技术专家、生产发展带头人等；年龄上跨越老、中、青三代，既有老一辈懂历史文化、懂寨源寨规的老年精英，也有管理村务工作、把控村庄发展、传达先进生产技术的中年精英，更有后来者居上、紧跟时代发展潮流的青年精英。对他们的访谈能够清楚得知村庄各个时段、各个方面变化与发展的特点。第二类是普通村民。同样包括老、中、青三个年龄段的村民。普通人的日常生活更能体现真实自然的生活样态。经验丰富的老人提供给笔者村庄历史文化方面的内容，尤其是笔者不熟悉的传统时期、"大跃进"、"人民公社"时期，对老人的访谈将笔者引入了当时的年代，打开了研究局面。与中青年村民的对话则展现了改革开放以来农民的干劲儿和冲劲儿，更重要的是让笔者了解到他们如何看待和对待本民族的生态传统，如何将之付诸实践。第三类是政府官员、地方文化专家等。为避免偏听偏信，也为获得更大的格局之下不同人群对地方生态发展的意识和观念，笔者前往雷山县政府、政协、农业局、林业局、林业公安局、统计局、水利局、文化局等有关部门，与相关负责人展开访谈，了解县域发展概况。另外，笔者还访问了雷山县非遗文化保护中心的相关负责人和文化专家，了解民族传统文化的历史、发展概况和保护现状等。

访谈法获取材料的一个重要问题在于如何保证材料的真实性，如何保证被访者在述说过去时没有因当下的生活经历而"再建构"所提供的内容。对此，笔者就相同的问题、对不同的被访者进行交叉验证，并结合一些地方史料进行多方查证，力求去伪存真。此外，笔者意图展现的内容含有生态观念、生态意识的维度，对这些思想上、意识上、心态上的内容直接进行访谈既非笔者的强项，也不能保证和判定村民"心口如一"。因此，笔者选择将涉及意识内容的访谈框定在确定的、"硬性的"事实上面，通过询问"如何做""是什么"来揭示"为什么"的问题。如此一来，最大可能地保证了访谈材料的真实性。

三　资料分析

对一手资料的整理分析体现着研究者的思路与研究的整体进路。

本研究对于资料的分析具有以下两方面的特点。

首先，在经验材料的呈现方面，笔者采用的是叙述的逻辑和方法。本研究涉及长时段内村庄历史与社会状况的呈现，其间不乏特定历史阶段中能够引起当时社会与生态变化的历史事件的陈述，而对于这些历史事件进行社会学分析，叙述是必不可少的。① 因为"将行动置于一个故事的章节中，并且将此行动与该故事中以前的行动联系起来，就能够理解什么'引起了'此行动，因而'解释'其'发生的方式'"。② 因此之故，在进行经验材料分析之时，其中既有不加翻译、直接引用的村民的自述，也有来自于笔者及其他相关材料的解释，在"经验脉络"与"意义脉络"③ 的互动中寻求对所要研究主题和问题的理解。

其次，在讲述故事与提升理论的关系上，笔者并未直接套用或做出任何理论预设，而是在调查中逐渐凝练和提升出相关理论。研究区域的自然与人文背景对笔者来说是完全陌生的，因此在初次进入田野时，笔者并未带有任何理论预设，也没有抱着从事实中"印证"理论的心态，而是力图做到无限接近田野。在此基础上，笔者对一些感兴趣的问题和方面进行反思、追问、深入调查，在资料铺开到一定限度时才形成了研究主题和研究问题。并且，笔者努力从本土研究的视角出发，对生态与环境问题进行思考和解释，在其中发现理论对话的可能。

---

① Griffin, L. J., "Narrative, Event—Structure Analysis, and Causal Interpretation in Historical Sociology", *American Journal of Sociology*, Vol. 98, No. 5, 1993, pp. 1094 – 1133.

② 卢晖临：《通向集体之路：一项关于文化观念和制度形成的个案研究》，社会科学文献出版社 2015 年版，第 22 页。

③ ［奥］阿尔弗雷德·舒茨：《社会世界的意义构成》，游淙祺译，商务印书馆 2012 年版，第 142 页。

第二章 地域背景及虎河村概况

　　研究地域的背景展示及概况述说是进行案例研究的前提之一。本章节将主要展示虎河村的自然风貌、区划沿革以及村民的生活世界。由于村庄的变化发展是不可能脱离开其所处的地域与历史背景的，因此本章节所呈现的内容中既包括案例村的详细情况，也包括村庄所在县域与镇域的一些简要情况，以此来获得对虎河村生存环境总体状貌的感知和印象。

第一节 区位与自然风貌

　　虎河村是黔东南苗族侗族自治州雷山县丹江镇下辖的一个苗族村寨。雷山县位于黔东南苗族侗族自治州的西南部，地处云贵高原向湘桂丘陵过渡地带的山地。东邻台江、剑河、榕江三县，南接黔南布依苗族自治州的三都水族自治县，西连丹寨县，北靠凯里市。地势东北高，西南低，北宽南窄，呈倒三角形。全县总面积1218.5平方公里，其中山地占总面积的94.4%，是典型的"九山半水半分田"的山地县。

　　在县境中部偏西北处，虎河村坐落于此，归丹江镇管辖。村庄背靠欧尾山，巴拉河的一条小支流自寨脚而过。村庄建寨于河谷半坡之中，海拔约在800—1000米之间。东邻响楼村，南邻脚雄村和西门村，西邻望丰乡干河沟村，北邻大固鲁、小固鲁村。距离雷山县城仅2.5公里，交通便利。有一条水泥修建的进村主路联结起村庄与外部世界。这条公路与凯雷二级公路交会，村民沿此公路出村，向西可通往凯里市，向东则可通往雷山县城。村寨入口处修建有标志性的寨门，村内有三条鹅卵石铺就而成的主道，另有七条步行小道。

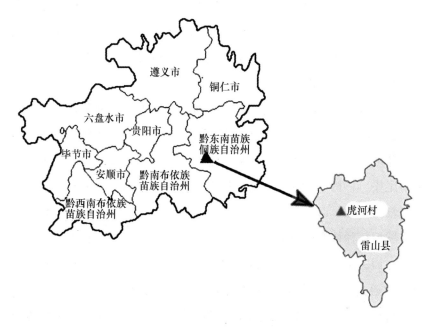

图 2—1　雷山县及虎河村地理位置示意图

气候方面，虎河村表现出亚热带季风气候的特点。虎河村在历史上并未积累过气象资料，非常翔实和准确的气候数据无从得知。但由于虎河村紧挨雷山县城，因此大方面的气候特征可以从县域统计资料中推知一二，至于具体的村庄气候特点，则根据村民的回忆与笔者的田野实感来加以佐证。据县域统计资料显示，虎河村年均气温在14℃—15℃之间，年降雨量在1250—1500毫米之间。冬无严寒，夏无酷暑，春秋季节较短。每年的雨季大概在4—9月，旱季为10月至次年 3 月，雨热同期。由于地形、海拔等的协同作用，虎河村昼夜温差变化较大，最大时的温差可相差近 10℃。也正因这样的湿度大、温差大的气候特点，虎河村傍晚至早晨时分经常出现云雾或小雨天气。在气象灾害方面，干旱、暴雨洪涝、秋绵雨、雨淞、冰雹等带来的危害最大。在村民的记忆中，1960—1980 年间曾连续发生过几次大型水灾与旱灾，全县范围内受灾严重。近些年发生的灾害中，村民印象最深刻的就是 2015 年 5 月全县范围内的特大暴雨引发的洪涝灾害。当时全县平均日降雨量达到 170 毫米左右，虎河村内部分地势较低的房屋和农田被淹，幸而无人员伤亡。

多样的气候资源为种类繁多的生物生长提供了有利条件。在植被方面，虎河村的森林覆盖率高达 75.8%，树种丰富。植被类型主要为针阔叶混交林，间杂生长有少量的常绿、落叶阔叶混交林。代表树种为马尾松、杉树、青枫、栎树、枫香树等。山坡上还生长有白茅、芭茅等草坡植被，以及鱼腥草、乌秆天麻等草药类植物。另外，村民在房前屋后还种植有少量油茶、杨梅树、猕猴桃树等经济林木。在动物资源方面，历史上的虎河村内生息着不少野生动物，村民在山间劳作时常能遇见野猪、野兔、各种鸟类、蛇类、虫类，甚至还遇见过老虎、野狼等。但是据村民回忆，自 20 世纪五六十年代起森林一度遭受破坏以后，这些野生动物就少了很多。村民最后一次看到老虎是在 1958 年，此后像老虎、狼这类动物就再没有出现过。如今森林生态恢复以后，像野猪、野兔、各种蛇虫类仍旧比较常见，村民也从不任意猎取，各种动物都有自己的生存空间，人与自然呈现一种和谐相处的样态。

第二节　区划与历史沿革

雷山县原被称为"丹江"，苗语叫"展兄"，意思是"沿江的缓坡坝子"。据相关资料考究推断，苗族一部从黄河中下游迁到"三危"，曾居住在丹江口地区（今湖北丹江口市），后来几经迁徙，到达现在的雷山县。苗族先民发现此地群峰竞赴，山北面陡峭，南面坡度平缓，整个山势像一把椅子，坐北朝南，风水极佳。一条河流顺势北上，右边有一股清泉，大如水桶，终年涌流。此河流发源于"牛皮大箐"雷公山，河水清澈，碧波荡漾，清甜甘美，苗族先民认为这条河是仙河，所以把这条河称为"欧展兄"，汉语称丹江河。先民们认为此地水好山青，是吉祥之地，于是决定在此处定居，并把原来的"丹江"地名移来安在这里使用，赐予其新的含义。丹，意为丹阳之气，代表着此地是太阳的吉祥之地；江，指的就是该地的河流；丹江的寓意即是吉祥昌盛。①

雷山这片地方，在清初以前都属于"化外生地"，被称作"管外苗族地区"或"自然地方"，中央王朝的管控从未真正渗透到地方社会内部。唐宋时期，国家实行羁縻政策，曾在雷山地区置罗恭县，属应州管辖，后又划归夔州路肇庆府羁縻州。②羁縻政策的目的虽在于"控制"，但也遵循"因时、因地、因人而治"原则，再加上雷山地区山高箐密，外界难以深入，因此该地区实质上仍然执行地方自我管理。也正是由于偏僻遥远、未归王化，雷山地方一直被称作"生地"，该地生活的苗民也一直被称为"生苗"③。这在《清史稿》中有着详

① 政协雷山县文史资料委员会：《雷山县文史资料选辑》（第2辑），内部资料性出版物1992年版，第194—196页。
② 贵州省雷山县志编纂委员会编：《雷山县志》，贵州人民出版社1983年版，第1页。
③ 此处的"生苗"是与"熟苗"相对的，具有文化上的多重属性与含义。学者们总结了六种划分"生苗"与"熟苗"的标准：（1）以饮食习惯区分，喜好生食、野食者为"生苗"；（2）以是否被中央王朝/帝国编户齐民、输粮纳籍、归入王化作为标准，有则为"熟苗"，无则为"生苗"；（3）以汉地为坐标，距离汉地近者为"熟"，远者为"生"；（4）以是否属于土司管辖作为标准。属之为"熟"，不属则为"生"；（5）以是否剃发作为标志。剃发者为"熟"，保留长发者为"生"；（6）以苗地边墙为界限划分，边墙以外者为"生"，以内者为"熟"。参见张中奎《改土归流与苗疆再造：清代"新疆六厅"的王化进程及其社会文化变迁》，中国社会科学出版社2012年版，第72—79页。

细记载，"镇远清水江者，沉水上游也，下通湖广，上达黔、粤，而生苗据其上游，曰九股河，曰大小丹江，沿岸数百里，皆其巢窟。"①雍正五年（1727），鄂尔泰在奏章中对黔东南"生苗"地方的情况讲得更为具体，其中提到雷山时，曰"窃查黔粤之交，有八万、古州里外一带生苗地方千有余里，虽居边界之外，实介两省之中。……西北二百一十余里，为镇远府凯里司之境，而有丹江、勒往等处生苗间之。"②

虎河村就在这片"化外生地"中建立起来，建寨时间大约在明朝中后期，距今已有四五百年的历史。最先建寨的是杨氏祖先，在后来的岁月中，通过通婚等方式，李、余、文、陆、吴姓陆续入住村庄。在此后两百多年间，村庄内一直由地方领袖寨老来负责村内秩序维护，处理大小事务，所依据的也是地方的榔规传统习惯法。

这种情况至清朝雍正年间开始发生改变。雍正七年（1729），清政府在雷山地方设置"新疆六厅"，真正意义上开启了对该地区的控制管辖。此后，清政府在雷山安屯设堡，以"卫"和"土司"统治屯堡，设六汛，以"营"统率绿营兵为汛防。在寨内清报户口，设置乡约、保正、牌长等加以管束。这些制度沿袭了170多年。③民国时期，丹江厅改为丹江县。自民国八年（1919）起至1950年全县解放之时，从实行保甲制，到撤保甲改置闾邻制，再到重新实施保甲制，国家对雷山所辖地方的管理制度反复变动。1950年以后，雷山县频繁调整行政区划，经历了撤县建自治区、撤行政村、改自治区为自治县以及重设县制的过程。相应地，其下辖的区、乡（镇）等也频繁拆分和合并。直至1956年黔东南苗族侗族自治州成立之后，最终确立了

① 转引自余宏模《清代雍正时期对贵州苗疆的开辟》，《贵州民族研究》1997年第5期。
② 贵州省档案馆编：《清代前期苗民起义档案史料》（上册），光明日报出版社1987年版，第8页。
③ 贵州省雷山县志编纂委员会编：《雷山县志》，贵州人民出版社1983年版，第1页。

县—区—乡（镇）的组织体系。此时，全县共辖3区、2镇、27乡。至人民公社时期，此种格局又被打破，经历"大社"拆"小社"的复杂过程，至改革开放以前，全县乡镇并为4区、25个公社。改革开放以后的1984年，全县撤销人民公社，恢复乡（镇）建制，实行村民自治。此后的岁月中，县域范围内的行政建制才真正稳定下来。

在步步深入的社会改革中，虎河村开始依靠正式的村级组织而与国家权力紧密相连，逐渐被纳入国家正式管控的链条之中。民国以前，村庄隶属于丹江厅左卫肇泰堡管辖。民国以后，村庄先是在闾邻制下以五家为邻、五邻为闾，划归于中区肇泰镇管辖，后又在保甲制下以十户为甲、十甲为保，划归于当时的十二联保之一的肇莲长联保管辖。1950年以后，先是在"民主建政"过程中划归到雷山县第一区管辖，后又在人民公社时期成为丹江公社下设的朝阳生产大队。改革开放后，虎河村以独立行政村的身份复归丹江镇管辖。但村庄的行政村边界与自然村边界是重合的，因此村庄之下并未管辖其他自然村，而是直接设置了8个村民小组。到目前为止，村庄内共计126户、613人，全部为苗族人口。

第三节 村庄生活世界

"虎河"在当地苗语中的发音是"欧雄"，苗文写为"EbXiongx"，意思是"很多老虎出没的河边地方"。建寨之初，虎河村先民们因发现此地老虎出没频繁，又取其"山前流经的巴拉河形成的山冲"之意，将村寨命名为"老虎冲"。但是先民们信奉万物有灵，认为"老虎跟人一样是有灵魂的，特别是像虎这样高级的、对人有伤害的动物，你叫它的名字次数多了，它会认为你有意喊它来，它就会来了"。（2015年8月，虎河村村主任杨清访谈）因此先民们觉得"老虎冲"这个名字不吉利，犯了忌讳，于是全村人决定每户出一块银元、一斤大米，购置一头猪、一只鸡，请鬼师来念咒语，将"老虎冲"改名为"欧雄"。

"老虎"与"河流"，再加上"山林"，便构成了村庄的生态背景，由此能够清楚了解历史上该地区的生态状况。有"山"、有"河"或许并不能完全透露出当地的生态状况，但有"虎"是反映生态状况的一个非常重要的指标。老虎在生态结构中属于顶层动物，老虎能够正常生存，至少表明该地的生境具备三项必不可少的基本条件。一是有足够茂密的山林供其活动和隐藏；二是有充足和丰富多样的动物供其猎食；三是有足够的水源供其饮用。[①] 因此若一地常有老虎出没，足以证明当地的自然生态状况非常良好。

如今的虎河村虽然"虎"已不见，但整体生态面貌仍然保持得很好。村民在此生息繁衍，安居乐业，逐渐自成一方天地。若从空中俯瞰，虎河村有着三重不同的聚落景观（见图2—2、图2—3），从中也能窥见村民日常生活世界的状貌。

第一重是寨脚处的河流与耕田景观。虎河村正面对着的是川流不息的丹江河，而寨脚处流淌着一条不知名的巴拉河小支流。河流左岸的平坝处是当初建寨时先民最先开垦的田块，也是村中最为平整和肥沃的田块。就在这片田块中，虎河村先民们放弃了西迁过程中的游耕生产方式，重新种植水稻，并在稻田中养鱼。起初只有一两个水稻品种，后来经过村民的长期试验和培育，水稻品种增加到六七个。适宜河坝区生长的主要品种是"大麻谷""小红谷""马尾粘"等。

寨脚处有一条水泥路蜿蜒而上，直通村寨，到达虎河村的中心，即第二重景观——村寨主体。顺路而上，首先到达壮观的寨门和风雨桥。此处也是迎接远道而来的客人的场所，当有客人来到时，村里的妇女都会穿上盛装，在这里摆上十二道拦门酒，欢迎宾客的到来。通

---

① 高耀庭编：《中国动物志（兽纲）》，科学出版社1987年版，第348—358页。

图2—2 虎河村聚落格局

过寨门，便来到了村寨的生活中心。靠近寨门处居住着几户人家。沿
鹅卵石铺就的主道继续向上行走，便来到一片开阔的广场。平日里广
场是村民进行娱乐、健身、打球活动的休闲之地，遇到村民选举大
会、村规民约议定大会等重要事务，广场便成为"会场"，村民在此
集合、共同商议。广场旁边便是村委会所在地。顺着广场四周扩散开

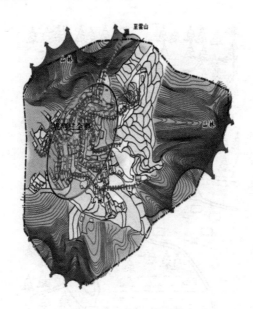

图 2—3　虎河村俯瞰图

去，便是村寨错落有致的民居。因地势条件限制，虎河村建寨布局并不讲究对称，寨中房屋以苗族独具特色的吊脚楼形式修建。村民大多就地砌基，傍山而建，其屋半边着地，半边吊脚，既有不占地之优势，又具突兀之威，美观大方之感。寨子顺坡而居，层层叠叠，屋脊鳞次栉比，十分壮美。清一色的青瓦屋顶，两层三层的木质小楼，散发出浓厚的乡间气息。村内有三条鹅卵石铺成的主道，七条小寨内步行道，路面平整，干净整洁，两边并挖了排污水沟。这些道路四通八达，连接起家家户户。

　　紧挨着村寨主体的是层层梯田，以及散布于山间、大小不一的旱地。水田面积约249亩，旱地面积约100亩。梯田中田水如平镜，田埂如线条，十分美观。田中种有适合山地环境的黑（长）须糯、"三百棒"、"宜香优2115"等品种的水稻，放养着鲤鱼和草鱼。根据地理位置、田块走势、土壤质量等标准，村民将梯田分为四种类型。一是中低海拔、顺山体走势而建的黄泥土田。这类田因形似腰带而被称

38

为"腰带田",也是村民主要耕种的梯田类型。二是高海拔、离村寨较远的田。这类田因水温较低被称为"冷水田",村民在其中种植耐低温、耐阴湿的糯稻。三是在没有水源的地方开荒出来的、依靠自然降雨灌溉的"望天田"。这类田由于无法控制灌溉而弃耕,基本上退耕还林,栽种树木。四是因受到冷水长期浸泡、田泥中含有毒性物质的"冷烂田"。对于这类田,村民采取冬季连年开田排水、增施有机肥、实行水旱轮作等的办法进行改造利用。至于旱作土地,则主要种植玉米、红苕、大豆、小米、油菜等,村民房前屋后还种有白菜、辣椒、果树等。由于该地土壤有机质偏低,因此村民另外种植紫云英、苕子等绿肥作物来改良土壤、提高肥力。

图2—4 虎河村山林管理碑及千年古松

顺着寨内的主要步道继续往高处走,便来到了郁郁葱葱的山林地带,这里构成了虎河村的第三重景观。虎河村有林地489亩,林地覆盖面积达到了75.8%。高耸入云的林木既庇佑着村民的生存,又承担着十分重要的生态功能,在涵养水源、保持水土方面发挥着不可替代的作用。值得一提的是,虎河村最高处还矗立着百多株已经具有上千年历史的古松，这一古松群可谓是全县乃至全州群落最大、保存最完整的古松群。村民已经将此处划为村庄的"风水林""护寨林"，专门挂红、立碑、建护栏加以保护。

林中掩映着芦笙坪，是村民进行集会、举行祭祀仪式、跳芦笙等活动的主要场地。虎河村节日众多，最为盛大的节日就是十三年一遇的牯藏节，其次是年年都要举办的"苗年节""吃新节""爬坡节"等（见表2—1）。这些节日各自的寓意不同，庆祝的内容不同，但举办节庆仪式时必不可少的共同环节就是跳芦笙。跳芦笙不单单发挥着娱乐功能，还传达着相当重要的苗族文化，其中芦笙曲反映着苗民坚韧、豪放、团结一致的情感，芦笙词传递出苗民特定历史时期的生产生活原貌，[1] 芦笙舞则隐现着苗民迁徙过程中的艰辛与苦难形态。[2] 因此每逢节庆，全体村民都会聚集到芦笙坪上跳芦笙，以表庆贺和怀念先祖之情。除此之外，每当迎接重要客人或举办联谊活动、重要活动之时，村民也要到芦笙坪上相聚，在此处共摆"长桌宴"，共同欢乐。

表2—1 　　　　　　　　　　虎河村的重要节日

主要节日	举办时间与祭祀含义	主要程序与仪式
爬坡节	农历三月清明节后的第一个子日	主要是青年男女"游方"恋爱的节日。各地青年聚集到爬坡场参加斗牛、赛马、对歌等丰富多彩的娱乐活动，有意者互赠信物
开秧门	水稻播种后的第二个丑日	主要标志着水稻开始插秧的节日，表达祈盼风调雨顺之情。先由农事首领"活路头"在夜晚祭祖、祭田，然后由其在"活路田"中插秧。其他村民在收到插秧信号之后，各自开始进行祭祖、插秧

---

① 黄平县地方史志办公室编：《黄平苗族芦笙文化》，贵州科技出版社2015年版，第6页。

② 孟猛：《贵州丹寨县苗族丧葬仪式中的芦笙乐舞研究》，博士学位论文，中央民族大学，2016年。

续表

主要节日	举办时间与祭祀含义	主要程序与仪式
吃新节	农历六月的第二个卯日	主要是祈盼丰收、祭祀田地的节日。节日第一天，各家祭祖、祭田。第二天开始共同集会，举行斗鸡、斗鸟、斗牛、对歌等丰富多彩的娱乐活动
苗年节	每年农历十月上旬的卯日	节日前一天，迎接"姑妈回娘家"。正式开始的第一天主要活动是吃年饭，一般从下午就开始，先要祭祀祖宗和天地神灵。第二天要吃年早饭，随后开始举行各种娱乐节庆活动
牯藏节	每十三年举办一次	主要是祭祀祖先的节日。仪式第一天迎接亲朋好友进寨，由主人家点起香火，摆好糯米饭、酒、鱼、肉等祭品来祭祀主家祖宗。第二天全村祭奠天地间神灵和先祖，杀牛分祭祀肉。第三天各家祭祀、欢聚，送客。第四天以后为各项娱乐活动举办时间

注：依据调查资料整理而得。

　　在全球化、现代化、城市化快速发展的大背景之下，已经没有哪个角落能够完全脱离开社会主流发展的趋势。虎河村村民的生产方式、生活方式、价值观念等也在随着外部世界的变化而悄然改变。生产方面，改革开放以后，不少村民开始陆续走出村庄，以打工的方式走入城市和城镇。留在村里的村民也做一些零散的"活路"，不再闷头种田。有手艺的做些木匠活、刺绣工；没有手艺的就开"摩的"拉客，经营"小餐车"，或者给超市、小卖铺收银。生活方面，村民明显开始追求除了吃饱穿暖以外的潮流生活方式。尤其是一些年轻村民，不下田地、"十指不沾阳春水"，手机不离手、耳机不离头，隔三岔五便到镇上与好友相聚，这已经成为笔者在虎河村所见到的年轻人生活的常态。中老年人的生活则多半被"带孩子"所占满。年轻的父母或外出打工，或忙于活计，带孩子的任务就落到了中老年长辈身上。村中经常可以看到一些老年村民一手领孩子、一手搂猪菜，或者在田间地头看到孩子在一边玩耍，老人在田间劳作。除此以外，村民的娱乐方式也有所改变，一台电视机、一部电脑、Wifi 网络已经走入大多数村民的家中，靠媒体了解外部世界的信息已经是再平常不过的了。

第三章　生存适应中的自发生态实践

人类对于生存环境的适应与其他生物有着本质区别。人类不仅仅是生物的人，还是文化的人、社会的人，因此人类对生态的适应就不单纯是生理性的适应，更加是文化的适应。虎河村有着悠久的历史和丰富的文化，在长期与山地环境打交道的过程中，他们对自然生态与环境有了深刻的认识，无论在生产、生活还是宗教信仰之中，都自发地体现出尊重自然、适应自然、利用自然的生存准则。

第一节　顺应自然的生存方式

自然环境是人类赖以生存的基础，但同时也对人类活动构成制约，尤其在生产力水平低下的传统社会，这种制约作用体现得更为明显。虎河村先民原本生息在温暖湿润的河湖平原地带，一路西迁至山高箐密的雷公山地区，自然环境发生了显著改变，民众生存面临极大的威胁和挑战。但虎河村先民并未气馁或屈服，而是不断地适应新的自然环境，在遵从自然规律的基础之上因地制宜地调整其生产与生活方式，实现了人与自然的和谐共处。

一　生产方式的生态取向

从平原到山地，虎河村先民面临的不仅仅是自然环境的改变，更要面对生计方式的改变。如何在山地环境中进行农业生产，如何保障日常口粮所需，是苗民应对生存挑战的第一步。在遵从自然规律的基础上，村民从"耕山"到耕"山中田"，实现了从游耕到梯田耕作的转变；从"过着糊涂年，过着糊涂月"[①] 到掌握生态时间、顺应自然节律，实现了农业生产的日臻成熟。

（一）梯田耕作的生态智慧

在定居雷公山地区以前，雷山苗族人民受战争威胁和政治所迫，从温暖湿润的两湖平原一路西迁，进入山高箐密的西南山地，过着迁徙游耕的生活。约在元代以后，社会环境逐渐稳定，进入雷山地区的苗民结束了迁徙游耕的生活，叩石垦壤，开始了梯田耕作的定耕生活[②]。苗民之所以垦山为田，原因有二。一是农耕惯习使然。"逐山林而徙"的游耕生产并非雷山苗族原生的生产方式。在迁徙生活开始之前，雷山苗族长期从事定耕农业，以稻作生产为主、渔猎采集为辅。江河平原地带的农耕实践为苗民积累了丰富的农业生产经验，但也使这种经验具有极大的环境受限性，使得苗族先民"不擅长种地，唯一掌握的技术就是水稻种植"。（2015 年 8 月，雷山县文化体育局办公室主任访谈）在向西南山区迁徙的过程中，苗族人民虽然一路进行游耕生产以维持生计，但这种粗放的耕作方式只能维持最初阶段的生存，并非长久之计。再加上苗民并没有多少以"土"为基的农业生产经验，这使得苗民定居雷公山后的生活图景显得十分黯淡。在这种情况下，如何在山地环境中发挥自己的农耕生产特长，就成了雷山苗族先民首要考虑的问题。

二是出于生活习惯的需要。民以食为天，长期的江河平原生活使得苗民习惯了以稻米为主、以鱼虾、果蔬等为辅的饮食方式。而在西

---

① 王凤刚：《苗族贾理》（上），贵州人民出版社 2009 年版，第 33 页。
② 贵州省雷山县志编纂委员会编：《雷山县志》，贵州人民出版社 1983 年版，第 110 页。

迁过程中，先民靠食用杂粮为生，对这种饮食方式的不适应使得"爹妈饿得脸瘦削，身子瘦得如老蛇，嘴尖皮瘦如蚂蚱"。[①]

> 起初定居雷公山地时，都是山地，根本没法做田，更不用说种水稻。苗族人过去习惯了吃米、吃鱼，来到山地不用说吃鱼了，吃米都没得。麻子这类杂粮，这些食物（苗族人）根本吃不赢。没得吃就干不了活路，整天饿饭。那就得想办法与自然条件作斗争，满足肚子的需要。（2015年8月，雷山县非遗保护与研发中心李主任访谈）

就在这双重现实状况的逼压之下，雷山苗族先民注重观察、总结山地环境的特点，取法自然，将过去生活在平原地区的农耕经验移植到山地，创造了梯田农业生产的奇迹。

虎河村先民于清初时建村定居，定居后就开始了垦山造田的改造。村民的梯田营建和耕作行为都是在遵从生态规律基础上进行的，并未随心所欲、肆意妄为。首先，在建造梯田之前勘山察水，从光热、水源、土质三个方面勘察开凿山田的条件。开挖梯田是为了种植水稻，自然要依据水稻的习性选择种植地点。村民深谙水稻喜温喜湿的生物属性，因此选择南晒、西晒、东晒坡面造田，避免开凿北晒坡面；选择接近水源或便于引水处造田；选择黄泥坡开造大田，而避开松暄的沙地。[②]

其次，在营建梯田过程中，充分依托自然环境，严格遵循生态规律。一方面，顺应山势建田。虎河村村民在开田时谨记"顺"山的原则，不做"破"山的活动。从纵向来看，梯田断面呈波浪状和台阶

---

① 燕宝：《苗族古歌》，贵州民族出版社1993年版，第475页。

② 雷山县政协文史资料委员会：《雷山县文史资料选辑第4辑》，内部资料性刊物2002年，第206—211页。

状，极好地顺应了山体的走势和样貌，既省时省工，又牢固不易塌方。若断面按直线截取，则势必砍山梁、填山冲，既费时费工，又改变了山体的走势，极易塌方。每一层梯田均沿等高线延伸。为保证其水平度，村民砍下笔直的竹子，将中间竹节挖空、两头竹节保留，盛满清水，制成简易而实用的水平仪进行测量。从横向来看，田块的形状大小不一，但这并非是人们随意为之，而是根据海拔和坡度建造出来的结果。海拔较低或坡度平缓的地方适合做大田，田块平整，相互之间连接紧密，而海拔较高或坡度较陡的地方，田块就需要造的小一些、稀疏一些，避免塌方。出于这样的原理，现在虎河村大的田块十分平整宽阔，而小的田块又窄又长，形态不一。

另外，巧妙利用自然力来造田。在地势、土质较好的地方可以直接开挖梯田，而在一些地势或土质较差的地方，则需要先将山坡辟为台地，继而利用水、火的力量打造田块。

> 据过去的老人说，有些梯田是直接挖出来的，但大部分地方不能直接做田。一些山很陡，斜坡上树木很多，需要先把树子砍掉，然后到冬天的时候就烧那个坡。这样土不是松了嘛，而且还有草木灰可以肥土。遇到岩石，就架起柴火把岩石烧红，再用冷水泼上去炸开。又等到冬天下雪的时候，把土盖住了，这样土地就变得又湿润又松软。雪结成了冰，冰化了之后再一次松土，反复使土壤变得湿润，易于耕作。大部分梯田就是这么做的。
> （2015年8月，雷山县文化馆杨女士访谈）

可以看出，村民并非刻板地寻找与原有生活环境相似的地方定居，而是将过去的生产经验与现有的生产环境有机结合，顺应当下的生态环境对自然进行改造，使之适于其农业生产。

第三，在梯田建成以后的稻作生产中，构筑适宜山地环境的稻鱼共生系统，重视"山—林—水—田"之间的密切关联，注重维护整体生态系统的平衡。稻鱼共生是苗族人民维系了数百年的生计传统，早在两湖平原生活之时，苗族先民就过着"饭稻羹鱼"的生活。稻田为鱼类生长提供空间，鱼类则在游动过程中搅翻泥土，松动稻田，减少杂草和害虫，鱼粪又是上好的有机肥料，稻与鱼的生存相得益彰。然而在山地环境中，温度、水、土壤、风险灾害等状况与河湖平原截然不同，如何才能保证稻鱼共生系统的正常延续？虎河村民作出了以下调整。

为适应山地气候，村民依据不同的海拔高度、不同的梯田类型选择不同的水稻品种，并发展出适应高海拔气候、抗病抗灾的糯稻品种。虎河村海拔在 1000 米左右，对于 700 米以下的水田，村民选择155—165 天生长期的水稻品种，而对于 700—1000 米的田，则选择生长期在 145—150 天的水稻品种。如此一来，水稻的结实率、产量以及抗病性等都有所提高。对于高海拔区的冷水田，村民多选择种植糯稻，或糯稻与非糯稻混种。糯稻具有鲜明的高秆、耐水淹、耐阴冷的特性。其高秆特性一方面使水稻向外界尽力争取树林夹缝中的阳光，另一方面在稻田内部形成密实的"小丛林"，为稻田筑起防风、保温、保湿的防线，使水稻生长"里外受益"。耐水淹的特性既可以使稻田在暴雨季节留存尽可能多的水源，防止干旱时期耕作水源不足，又可以扩大鱼的生活空间，增加稻田副产品的产量。耐阴冷的特性则使水稻即使在低温下也可以正常生长，满足苗民的口粮之需。此外，糯稻的抗稻瘟病性很强，糯稻与非糯稻混种间栽，能够提高水稻的抗病性，不至于颗粒无收。[①]

为保证稳定、充足的水源补给，虎河村尤其注重保护森林。梯田农业生产的关键在于充足、稳定的水源补给，而水资源的稳定供给又

---

　① 陈阿江、邢一新：《缺水问题及其社会治理——对三种缺水类型的分析》，《学习与探索》2017 年第 7 期。

离不开森林的涵养，这是虎河村村民在长期农耕实践中所积累的宝贵经验。村民用"有山才有水，有水才有田，有田才有粮"、"树子能'留'水，也能'流'水"来概括上述经验。基于这种认知，村民在生产生活中十分注重保护山林，不仅对山顶寨头处的风景林严加保护，而且对柴山中的树木也十分爱护。

> 我们村都非常重视保护山林，从树枝到树根，都不能随便乱砍。你看那高头处，下雨下雪的时候，树子的枝枝杈杈能存水，这样水跑不掉，顺着树干就流下来了。遇到暴雨，（雨水）也不会一下子冲到地面，还是先顺着树枝走。雨水到地上来了，还有（土地）表面的一层掉下来的叶子啊、灌木啊、草草啊护着地面，这样水就慢慢往下渗，存住了水也带不走土。所以我们割秧青啊、捡柴火啊、放牲畜啊都不能就着一个地方，那搞光了露土了，也存不住水。树蔸在我们这就更有意思。我们古歌里有唱，"树蔸变成鼓"，你也知道鼓是我们祖先的那个灵魂居住的地方，所以要有人敢去动树蔸，那是要天打雷劈的。（2015 年 8 月，村支书杨忠访谈）

（二）顺应自然节律的生产安排

掌握时间，理解时间的节奏和周期性，是人类智慧最早的发现之一。埃文斯·普理查德曾对尼罗河畔的努尔人部落进行了多年的研究，对他们的时间观念进行了详细的分析。他指出，努尔人对时间的感知可以分成两种，即生态时间与结构时间。其中生态时间彰显人与自然环境的关系，是努尔人依据生态变化来组织生产生活的突出表现。[1] 苗族人

---

① ［英］埃文斯·普理查德：《努尔人——对一个尼罗特人群生活方式和政治制度的描述》，褚建芳译，商务印书馆 2017 年版，第 114—115 页。

民的时间观念也表现出与努尔人相似的一面，他们在长期的生产和生活中，通过观察生态系统中物候现象的周期性变化规律来推定时刻、季节和年岁，创制出独特的苗历。

雷山苗族的历日制度共包含时、日、月、年、斗（纪）五个由小到大的时间单位，苗族人民将这五个时间单位与十二生肖相结合，继而与二十八宿相配，构成苗族特有的"苗甲子"历法。除了安排历日制度以纪时日，苗族人民还对季节进行了划分。传统时期，苗族仅有冷季和热季之分。其中冷季为1—6月，热季为7—12月。后来随着历法的日趋周密，季节也随之演变为暖、热、凉、冷四个季节，分别对应如今的春、夏、秋、冬四个季节。

与汉历相比，苗历是典型的物候历，其纪时依据一方面来自于自然环境中的物候变化；另一方面则指向水稻生长发育的变化规律。首先，纪时依据来自自然环境中的物候变化。以时辰和月建最为明显。如表3—1所示，苗历中十二时刻的划定依据来自于不同时段、不同动物的活动规律。同样地，苗历月建也反映了不同月份中植物和动物的当下状态（见表3—2）。这些都是苗族人民在长期生产和生活实践中所总结出来的经验。以此为据界定时间节点，以之为凭开展农业生产、安排社交活动等，充分体现出苗族人民对于自然规律的把握和遵从。

表3—1　　　　　　　　　　　苗历时刻及其纪时依据

苗历时刻	时间范围	纪时依据
鼠时	23—1时	鸡叫一遍，万物休息，老鼠出洞
牛时	1—3时	鸡叫两遍，牛开始担心农活
虎时	3—5时	鸡叫三遍，老虎出没寻找食物
兔时	5—7时	天初亮，兔子出窝觅食
龙时	7—9时	太阳升起，龙出水潭
蛇时	9—11时	太阳普照，气温回升，蛇出洞

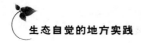

续表

苗历时刻	时间范围	纪时依据
马时	11—13 时	太阳当空,马不畏酷暑,还在劳作
羊时	13—15 时	太阳略傍,羊趁阴出来吃草
猴时	15—17 时	太阳偏西,猴子出来觅食
鸡时	17—19 时	太阳落山,鸡回窝中
狗时	19—21 时	天黑,狗看守门户
猪时	21—23 时	入夜,野猪出没觅食

注:依据侯天江《中国的千户苗寨》整理而得。

表 3—2　　　　　　　　　　苗历月序及月建依据

苗历月序	月建	月建依据
正月	戌	树无叶子"狗撵山"
二月	辰	万物复苏"龙出潭"
三月	亥	芽壮叶青"猪吃麻"
四月	巳	大地暖和"蛇出洞"
五月	子	稻谷抽穗"鼠吃谷"
六月	午	根叶茂盛"马披阴"
七月	丑	牛关圈中"牛烂蹄"
八月	未	根强叶盛"羊上树"
九月	寅	森林密布"虎出山"
十月	申	植物收获"猴积果"
冬月	卯	天气寒冷"兔宿窝"
腊月	酉	冰天雪地"鸡死雪"

注:依据侯天江《中国的千户苗寨》整理而得。

其次,纪时法则与稻作生产规律高度吻合。苗族是历史上最早种植水稻的民族之一,水稻生产是其最重要的社会活动之一。水稻从插秧到收割历时十个月,苗民依据水稻在这一生产周期中的生长变化来确定时节,并安排人类社会活动。例如,按照苗历历制,新年在农历十月。这正是因为在此时水稻成熟并收割,苗民一整年的劳作、社会活动均已完成,苗民欢歌载舞以庆祝丰收、祭天祭祖,以此作为旧年结束、新年开始的标志。

苗族过去使用这种历法,目的就是为了生产,通过观察太阳在一年的运行,决定水稻什么时候孕穗,什么时候收割,什么时候要休息了,这个历法与我们苗族的农业生产有极大的关系。我出生的时候我家里还有使用苗历的习俗,现在只有雷公山的苗族特别还在用这个(苗历),其他地方的苗族有的也不用了。我们这个苗历是以水稻收割完成为标志,基本上是冬至之后,这样一年就过完了,冬至之后又算是新的一年了。从这个角度来说,苗历是苗族水稻生产文化。(2015年8月,雷山县方志办公室王主任访谈)

依据这套独特的历法,虎河村苗民在一年中农事的安排上顺应自然的节律,有条不紊地展开。关于如何安排农活,虎河村有一首流传的《季节歌》,简明地道出了苗家全年的农时、农事与节日安排。

一月打干田,二月犁水田,忙于秧地田。三月鱼秧放,四月忙栽种。四月十五日,众人把秧插。定在何时插,决定辰巳日。辰日扯秧忙,午日插秧牢。五月十五日,急急薅秧苗。六月一半时,神灵盼祭食。到七月中旬,稻谷抽穗完。到八月中旬,稻谷成金黄。九月收稻谷,谷子进仓门。安心过苗年,过年完季节。进到腊月来,好好来休息。[1]

---

[1] 杨应光编:《雷山苗族情歌》,云南民族出版社2014年版,第113—121页。

如今虎河村民依然参照《季节歌》来安排农事活动与仪式活动。如表3—3所示。

表3—3　　　　　　　　　　虎河村年度农事安排

月份（农历）	主要农事活动
一月	修路修沟；整修田坎；修整农具
二月	准备秧田，犁耙稻田；割秧青，踩粪肥；准备辣椒、西红柿秧苗
三月	清明后第一个牛场天浸种；第二个牛场天播种；在稻田中放养鱼苗；种植苞谷；培育红薯秧苗
四月	中旬左右（播种后第四个牛场天）插秧；田间施肥、除草等；收割油菜等；栽种红薯、玉米、辣椒、豆类等
五月	除草拔秧、引水灌溉等田间管理；管理红薯和苞谷
六月	追肥、杀虫、除草等田间管理；管理菜园果树等
七月	管理田水；防治水稻病虫害
八月	收苞谷；割草；水稻田间管理
九月	收割水稻；收割杂粮；种植紫云英、油菜等
十月	水稻脱粒、整晒、入仓；捕获田鱼；拢草、晒草、做草堆；收红薯
十一月	犁部分过冬田；伐木，备料建房、修房
十二月	田间休整；从事琐碎杂务等

注：依据虎河村村民的访谈整理而得。

由此可见，历制安排不仅仅体现着人类的认知水平，更为重要的是反映了人与自然的关系。以物候授时是苗族历法的突出特征，是建立在苗族人民对其生存环境特殊性的充分认识和利用基础之上的，体现着苗族人民对于生态环境的自发适应。

二　日常生活的生态表达

一方水土养一方人，在长期适应生存环境的过程中，村民日常生活的方方面面早已与自然相合相宜。具体来说，表现在服饰、饮食和居住方面。

首先是服饰方面。服饰的首要和基本特性是实用性，必然是依据当地自然环境特点创制而成。在款式上，虎河村服饰短衣、松裤（裙）、绑腿的设计十分符合山地环境的着装需要，既满足山地劳作大幅度肢体活动的需要，也能有效散热散湿，提升舒适感。在制作工艺上，就地取材，充分合理地利用植物资源。一方面，在服饰原料上取自天然，选用自行种植的棉、麻来纺织成衣。另一方面，选用天然染料植物"蓝"来将布料染成青黑色，不仅极好地融入了山林环境，有效隐蔽人的行踪，而且所使用的"蓝"还具有一定的药性，对于劳作中树枝刮擦伤、虫咬、疮痛等有止痒消炎的作用。

除此之外，服饰的纹案花样充分展现出其自然崇拜的信仰特征，表达了苗民心目中"天地与我并生、万物与我为一"① 的情感特征。虎河村村民服饰上的图案主要表现为动物和植物主题。动物主题的花纹主要有蜈蚣虫纹、蝴蝶纹、鱼纹、狗形纹、青蛙纹等；植物主题的花纹主要有枫木树叶纹、牡丹纹、石榴纹、桃花纹等各种花草树叶纹。这些图案纹样既可单独展示，又能组合出现，充分展现了苗族人民的自然生态居住空间。此外，这些图案纹样最大的特点就是"似像非像"，即苗民充分发挥"互渗"的原始巫教思维方式，将多种动植物图案以"源于自然又超自然"的方式幻化组合，使之兼具动物性、人性和神性。这在很大程度上映射出人类自然崇拜信仰的原始光泽，人兽同宗、人物同源、人与自然不分家的生态信仰展现得淋漓尽致。

其次是饮食方面。虎河村村民以嗜酸食、喜野食、嗜生食、好饮酒著称，这种饮食习惯是在适应生态的过程中逐渐形成的。一般而言，"人类饮食消费可分为无意识消费与有意识消费"。处于文化低级

---

① 《庄子》，中国华侨出版社2013年版，第16页。

阶段的人类早期饮食属于无意识消费，进食只为果腹，并无其他方面的需要和意识。① 此种无意识的饮食消费必然要顺从自然环境的资源供应，也即俗话所说的"有什么吃什么"。虎河村村民的野食、生食特色就充分反映了这一点。雷公山地区山林遍布，溪河交叉，物产资源极为丰富，可取用的食物十分多样，苗族人民因此形成了泛化捕食的野食方式，并延续至今。这种取食方式在客观上兼顾到了多种生物资源的利用，避免了过度利用某一种或几种特定的生物资源带来的消亡风险，减轻了整个生物群落的结构压力，而这也是今天雷公山地区生物多样性之所以保存完好的关键原因之一。生食方式则具有更为突出的自然属性特征，这一点在列维－斯特劳斯的"生""熟"特性讨论中已经表达得十分明确。②

随着文明和社会的发展，人类进化到有意识饮食消费的阶段，学会了在适应自然环境的同时调整食物口味、营养搭配等。也正是在这一阶段，一些独特的饮食方式、习惯开始初步形成。虎河村苗民好酸食和饮酒习惯的形成，正是其在自然环境和社会环境的双重作用之下，有意识调整饮食口味、顾及身体健康的结果。一方面，山地气候极为多变，低地湿热之气不易扩散，高地又极为阴凉寒冷，很容易给在山间劳作的苗民带来"湿"和"毒"的健康隐患。食用酸能够补益身体，清热解毒，饮用适量的白酒则能够祛湿御寒，舒筋活血，消除疲劳，正适合山地苗族作为维持身体健康之用。另一方面，由于缺少食盐，③ 苗民不仅口淡无味，食物难以下咽，更因缺少必备的钠元素，使得人们正常的消化吸收功能出现问题。苗民普遍体虚乏力，生理功能失衡。在这种情况下，苗民极力寻找一些"代盐"之物，例如

---

① 江帆：《满族生态与民俗文化》，中国社会科学出版社 2006 年版，第 44 页。

② ［法］克洛德·列维－斯特劳斯：《神话学：生食与熟食》，周昌忠译，中国人民大学出版社 2007 年版。

③ 雷公山地区历史上并不产盐，交通又极为闭塞，很难得到国家统一管制经营的食盐。即使能够得到，斗米斤盐的高昂比价也令苗民望而却步。

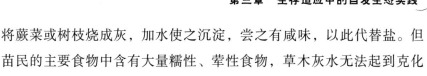

将蕨菜或树枝烧成灰，加水使之沉淀，尝之有咸味，以此代替盐。但苗民的主要食物中含有大量糯性、荤性食物，草木灰水无法起到克化食物的作用，于是苗民继续在生活实践中寻求摸索，最终发现了以酸代盐、以酸补盐的烹调办法。这不仅调整了食物的口味，而且满足了苗民的健康需求。

最后是居住方面。无论从空间布局，还是从建筑特点上来说，虎河村的民居都充分反映了苗民因地制宜、因势利导改善自然环境、适应生态生存的特点。据村长介绍，虎河村建寨之时并未经过刻意的规划，"都是祖先根据自然规律琢磨出来的道理"，毫无疑问，这些道理反映的正是苗族人民独特的潜意识中的生态观。

在建筑选址方面，因地制宜，充分适应而非改造生态。从村落的整体布局来看，虎河村建在半山，呈背山面水、负阴抱阳之势。背山可以阻挡冬季北下的寒风，面水可享受夏季南上的清凉水汽，负阴抱阳则增加了对阳光的接受面积，有效缓解潮湿带来的人体不适、生活不便等，给人们的生产生活带来极大的方便。选择中半山建寨，上有山林掩映，下有河流穿过，层层梯田紧靠居住中心，人类与山水、林木、农田共同构成了一个平衡的生存空间，充分体现了依托和顺应自然的道理。

从村落内部的民居建筑来看，吊脚楼建筑尤其体现了村民因势利导的生存智慧。吊脚楼面向山崖、山谷的一侧底层架空，以吊脚柱支撑，因此变化的自由度非常大，能够通过调整吊脚柱的高度，顺势与任何谷、麓、崖、腹的多种地势无缝衔接。这种典型的融入式建筑方式极好地保存了原有的地形地貌和生态特征。同时，吊脚的设计将房屋与地面隔开了一定的距离，再加上楼板的隔离，起到了防水防潮、防止虫蛇入侵的作用。

在建造房屋之时，就地取材，适度、合理用材。村寨地处深山，交通不便，村民人力、物力和财力都有限，从外地购置、运输大量建材并不现实，因此苗族人民在建房之时通常就地取材，选用杉木、枫木、石板和黏土等作为主要建材。本着节约和物尽其用的原则，村民在最少破坏自然环境的基础上确定砍伐树木和取用山石的位置，精确计算所需材料的数量。用料时，大料加工成型后，小料用于制作榫卯，大小料套用，从不浪费，充分发挥聪明智慧建成不使用一颗钉子却比使用钉子更稳固的吊脚楼。在如今的虎河村中，笔者见到的最古老的吊脚楼已经有百年以上的历史，然而除了微微倾斜和外观老旧以外，"百岁老楼"仍然稳固地"吊"在半空之中，为生活在其中的一家四代遮风挡雨。苗族人民的生存智慧由此可见一斑。

在建筑理念方面，敬重万物有灵，以与自然和谐相处为准则。苗族人民信奉万物有灵，认为自然界万物都各安其所，各行其是，人与万物都是平等的，因此必须以协商的态度调和人与自然之间的关系。在建造房屋时，村民认为"青山为主人为客"，自己家起房子占了山上其他动物的位置，因此在建房的各个环节都要举行特定的祭祀仪式，以表达其为生存不得已伤害环境的歉疚。《苗族古歌》中曾唱道，立房之时要"喊个巫师老人家，纸条剪作鸡毛样，撑把青布伞遮脸，雪白公鸡拿手上。时将白鸡扬一扬，请嘎西来帮撑房。嘎西山神下山来，要立新房逗榫子，妈的房屋才稳固"①。奠基之时的祭祀唱词中也说道："今晨我新建家业，要砌屋基，大人小孩，蚯蚓毛虫，水龙旱龙，你们各自安居，我不会压着你们的脊背，不会压着你们的身子，你们各自退得远远的。"② 这些唱词描述的正是传统时期立房敬神的传统。在当今的虎河村，起房祭祀的传统仍然稳定地延续着。在建筑的各个环节，村民都要请鬼师前来，准备好酒、肉、鱼、糯米、鸡、鸭、香纸等，举行庄严的祭祀仪式。

---

① 燕宝：《苗族古歌》，贵州民族出版社1993年版，第57—58页。
② 吴一文、覃东平：《苗族古歌与苗族历史文化研究》，贵州民族出版社2000年版，第265页。

第二节　寨老制下的生态规训

历史上的虎河村处于"化外生地"，与国家"不相统属""各自相安"。依靠寨老权威，以生态榔约为治理规则，村庄形成了一套独特的、适用于理顺当地人与自然关系的生态治理办法。

一　寨老制及其村庄治理

寨老，黔东南苗语称为"nfudlul"，为"智者""师长""长老"的意思。寨老是苗族社会内生的自然领袖，在国家政权未深入苗族社会以前，寨老一直是管理和维持苗族社会正常生产、生活秩序的核心权威。由寨老管理苗族社会的制度由来已久，早在明朝年间的历史文献中就有所记载。据《贵州图经新志》记载，"苗俗有事，则用行头媒讲"[1]，另据《炎徼纪闻》所载，"苗人争讼不入官府……推其属之公正善语者，号行头，以讲曲直"。[2] 清朝乾隆年间任职贵州总督兼巡抚的张广泗在上奏皇帝的奏折中也提道："查新疆苗众向无酋长，……查各苗寨内，向有所称头人者。"[3] 这几处文献中提到的"行头""头人"，指的就是寨老。[4]

在苗族社会，一个村寨中通常有多名寨老，一片地方（包含若干个村寨）也存在着不同等级的寨老。单个自然寨中的寨老通常被称为"榔头""勾往"，负责管理本村寨的一切事务。一般情况下，一个村寨有三位以上的寨老，他们组成了村民口中的"老干"团体。一片地方的寨老，

<hr />

① 黄家服、段志洪编：《中国地方志集成贵州府县志辑1》，巴蜀书社2006年版，第59页。

② 田汝成：《炎徼纪闻》，广文书局1969年版，第14页。

③ 中国第一历史档案馆、中国人民大学清史研究所、贵州省档案馆编：《清代前期苗民起义档案史料汇编》，北京光明日报出版社1987年版，第241页。

④ 吴永章、田敏：《苗族瑶族长江文化》，湖北教育出版社2007年版，第89页。

又称为"勾珈",除了对其所在的村寨负责,还要维护其管理区域内各村寨之间的正常秩序。例如,召集本区域内的寨老召开议榔会议;负责本地区内重大纠纷的调解;决定本地区内重要活动的启动等。①

寨老身份的获致需要满足以下几方面的要求。首先,品行端方,德高望重。寨老必须为人正直、作风正派、遵规守纪、处事公道,必要时敢于挺身而出,抑强扶弱。在村寨的"熟人社会"中,村民对每个人的品性、行为都十分清楚,只有正己守道、以身作则的人担任寨老,才能树立权威,赢得村民的信任。其次,博闻强识,通晓古理古规,能说会道。苗族在历史上是一个无文字的民族,用以维护社会秩序的规约往往通过古歌、史诗、理词等形式来表达。这就要求寨老必须具备一定的文化水平,既通晓各种规约,又具有能言善辩之才,能够熟练地运用这些古理古法说理断案,明辨是非,排解纠纷。在各项历史文献的记载中,提到苗族"行头"所必备的秉性之时,也都提到"能言语讲断是非"②、"稍明白、能言语、强有力"③。最后,具有奉献精神,热心公益事业。寨老是村寨的"能者","多劳"却并不"多得"。传统时期,寨老几乎掌管村寨大大小小的所有事务,却并没有获得额外的经济报酬,也不能获得一些特权,至多在成功调解纠纷之后得到当事人的一餐招待,其余时候仍与本村寨其他村民一样,靠辛勤劳动维持生计。因此对寨老来说,管理村寨事务、维持社会秩序仅是一项公益事业。这就要求寨老急公好义,甘于奉献,尤其当村寨公共事务与个人事务产生冲突时,以处理村寨事务为先。

在传统时期,寨老既非官方指定,也非世袭而定,大多是自然形成的。当某人具备了前述的种种品质之后,他的能力获得村民的认

① 熊玉有:《苗族文化史》,云南民族出版社2014年版,第242页。
② 黄家服、段志洪编:《中国地方志集成贵州府县志辑1》,巴蜀书社2006年版,第59页。
③ 中国第一历史档案馆、中国人民大学清史研究所、贵州省档案馆编:《清代前期苗民起义档案史料汇编》,北京光明日报出版社1987年版,第241页。

可，村中无论发生大事小情，村民都会自发地请他来处理，久而久之，他便成为了寨老。在任职的过程中，寨老必须保持其优良品质，遵规守纪，秉公执法，维持其在村民心目中的威信和地位。自然形成的寨老不存在罢免、撤职等的情况，如果没有犯原则性的错误，寨老可以一直继任下去。倘若寨老混淆是非，办事不力，长此以往就会消耗村民对他的信任。当村民有事不再找他处理的时候，他的寨老地位也就自然而然地丧失了。由此可以看出，无论是寨老地位的形成还是丧失，都没有受到任何外力的干涉，都是在村民长期的社会实践活动中自然而然发生的。

寨老是村寨的"自然领导者"，承担着管理村寨重要的责任。其中，寨老最重要的职能当属订立和执行规约。寨老在全面把握本村寨面临的问题后，广泛听取村民的意见，决定是否制定或修改规约。之后，召集村民举行议榔会议，以埋岩或讲理的方式，向大家公开宣布所订规约，并教育村民严格遵守。若有涉及与其他村寨有关的问题、本村寨老解决不了的，则会上报"勾珈"，由"勾珈"决定是否在本区域内召开议榔会议。

其次，在社会生活中，寨老负责纠纷调解，维护村寨正常秩序。苗族社会是一个以农耕为主的社会，农业生产中最常见的就是田土纠纷、林界纠纷、水利纠纷等。村寨生活中难免发生摩擦，婚姻、财产、家庭争执等时有发生，偷盗、暴力复仇、人身伤害等案件尽管并不多见，但也偶尔发生。当纠纷发生时，就需要凭借寨老的经验和智慧来进行判断、调解。历史文献中对寨老调解纠纷的记载最为丰富和生动，既有寨老以芭茅"草筹"为工具"记筹断案"的情景，① 也有

---

① 明朝田汝成的《炎徼纪闻》原文："行头以一事为一筹，多至百筹者。每举一筹数之曰：某事云云，'汝负于某'，其人服则收之；又举一筹数之曰：某事云云，'汝凌于某'，其人不服则置之。计所置多寡，以报所为。讲者曰：某事某事，某人不服。所为讲者曰，然则已，不然又往讲如前，必两人咸服乃决。若所收筹多，而度其人不能偿者，则劝所为讲者掷一筹与天，一与地，一与和事之老，然后约其余者。责负者偿之，以牛马为算。"

寨老以朗朗上口、明白易晓的《婚姻调解理词》为依据调解婆媳纠纷的场面。① 当遇到疑难案件或纠纷双方争执不下、不服从调解的情况时，寨老会采用极端的"神判"手段进行处置。通常采取的"神判"办法有砍鸡头、烧汤捞油、看鸡眼、占卜等形式，需请村寨的鬼师主持仪式。对于神判的结果，不存在争议、抗辩的可能，无论结果如何，双方必须接受。

再次，在村寨宗教和文化活动中，寨老负责组织筹办各项活动，并承担着传承文化、教育村民的责任。苗族村寨中历来有着十分丰富的宗教文化活动，无论是在农业生产的各个阶段，还是在村民生老病死的各个时期，抑或是在村寨面对自然灾害等危难的紧要关头，宗教文化活动始终贯穿其中，与村民的生活息息相关。寨老作为最熟悉村寨历史和苗族传统文化的人，对各项仪式活动的程序、内容等最为清楚，因此肩负着非常重要的组织、筹办和主持活动的责任。此外，寨老在各项仪式活动中，还承担着教育村民、传承文化的重任。在农业生产祭仪中，将传统的生产经验以及与自然和谐相处的生态智慧传授给后代；在婚丧嫁娶等人生礼仪中，教育后辈承担生命中的必要责任，树立正确的道德观念；在祭祖等集体仪式中，促使村民联络和交流情感，巩固年轻一辈的族群认同，使村寨团结力和凝聚力得到加强。

最后，在村寨的对外关系方面，寨老既负责村寨之间的一些联络交流活动，也在必要时组织军事防卫，抵御外侵。苗族村寨之间往往由于同宗共祖的兄弟关系，或者通婚联姻而形成的姻亲关系，而存在

---

① 石宗仁编：《中国苗族古歌》，天津古籍出版社1991年版，第311—418页。《中国苗族古歌》第八部"纠纷"生动地描述了苗族家庭纠纷及寨老调解的情景。纠纷起因是婆媳之间因生活琐事而爆发矛盾，婆婆指责媳妇品行不端，教训媳妇之后请两位寨老遣送儿媳妇回娘家。娘家拒不接受，并另外请了两名寨老，一同前来婆家讲理。婆家和娘家当庭对峙，各自陈述案情，展开辩论。四位寨老断案不偏不倚，引经据典，计算出婆婆和儿媳妇各自犯的过错的数目，以此为依据，最终判定娘家胜诉，并对婆家作出了相应的惩罚。

一些日常交往。尤其在牯藏节等以地缘为单位举办的重要节日中，村寨之间的交往显得越发密切。此时各个村寨的寨老就要聚在一起商讨节日的诸多事宜，从日期安排、仪式流程到宴请名单、人员安排等，事无巨细，一一商定。其他节日期间，村寨之间的联谊来往也要经过双方寨老协商安排。寨老组织军事防卫的功能在苗族迁徙历史中比较多见，因为那时的苗族先民深受汉族驱赶以及其他民族的排斥，在漫长的迁徙岁月中饱受外侵。此时就要依靠寨老来团结和带领族人抵御侵扰，维护自身安全。在后来的和平岁月中，寨老的这一军事性的功能已基本消失。

二　生态榔约及环境保护

一个民族有其特定的生存环境，其社会规则的生成可以看作是直接或间接适应环境的结果。苗族人民世代久居山地环境之中，独特的自然环境孕育了苗族独有的生产和生活方式。在与自然互动共生的过程中，苗族社会形成了大量合理利用自然、保护自然的生态规约。由于传统生态规约的呈现形式复杂多样，本书选用"生态榔约"一词来总结概括，既包括经过严格的议榔程序而订立的榔规，也包括古歌、古理、禁忌、习俗等民约。

虎河村传统的苗族文化留存完整，生态榔约特色鲜明，至今仍然发挥着十分重要的作用。具体看来，依据不同的标准，村庄生态榔约可分为不同的类型。例如依据生存领域划分，可分为生产型和生活型生态榔约；依据调整对象划分，可分为森林、水源、田土、动物资源保护型生态榔约；依据规约载体划分，可分为口承型、岩规型生态榔约等。然而应该意识到，生态榔约在实质上是具有调整功能的习惯性规范，主要作用在于控制人类较强的利己本能，修正人们的行为，达致人与自然之间的和谐相处。为达成这一目标，在实际执行过程中，生态榔约通过发挥正性强化和负性强化两种不同的功能实现了对村民行为的规训。据此标准，可将生态榔约分为教化型和惩戒型两种类型。

（一）教化型生态榔约

教化型生态榔约是通过肯定和鼓励人们的生态保护行为，以及引导、普及和深化人们的生态意识等，推进人们趋向或重复合理利用自然、保护自然的行为的规约。典型代表为苗族古歌和古理。

苗族古歌并非一部单一作品，而是苗族神话和史诗的总称，被誉为"苗族古代社会生活的百科全书"。① 它记载了苗族先民多姿多彩的早期社会生活，反映了原始苗族先民对自然的探索和对社会生活的理解，折射出苗族人民原始思维的痕迹。在内容上，苗族古歌既长于抒情，又富于叙事性，可谓是包罗万象。既包括富含神秘色彩的表达人类对神的信仰的神话，也包括记叙历史、崇奉英雄、缅怀祖先的史诗。古歌以夸张、比喻等灵活多变的表达手法，记叙了苗族从开天辟地、铸造日月到定居东方，从枫木生人、万物繁衍到兄妹开婚、社会形成，从洪水滔天到溯河西迁、定居西方的历史，还原了苗族社会生产、生活、文化等的原貌。正是在这些丰富的古歌内容之中，一些凝结着丰富经验和智慧的知识得到共享，一些满含着神秘色彩的规范和禁忌也得到传承，在潜移默化中规范着苗族人民的行为。

苗族理辞，在黔东南苗语中有几种不同的称谓，为 jax 或 jaxlil。从苗语的构成及意思上来看，jax 指的是天地万物和人类社会发展变化的规则和原理，lix 的含义就是道理的"理"。因此，理辞集中反映

---

① 苗族古歌经过后人的传唱和整理，目前较为流行的有四个版本的歌诗，分别是田兵编选的《苗族古歌》、燕宝整理译注的《苗族古歌》、潘定智等编选的《苗族古歌》和马学良、今旦译注的《苗族史诗》。四个版本的内容几近相似，但又各有侧重，不同程度地表现了苗族早期社会的风貌。本书对几个版本的苗族古歌、史诗的叙述手法、侧重点、忠于原始资料的程度等进行了比较考察，最终选取了燕宝译注的《苗族古歌》和马学良等译注的《苗族史诗》作为背景材料。这两部典籍对原歌的还原程度都非常高，且部分地保留了苗汉文对照，对原歌的注释丰富详细，能够较为全面地呈现苗族先民的原始思维特点。

了古代苗族"关于社会与自然的道理、原理、哲理、伦理、法理、心理及习惯、禁忌等实体性内容和叙理、辩理、判理等程序性内容，反映了古代苗族人民的自然观、伦理道德观和价值观"①。理辞中这些复杂的道理和规则决定了其唱诵和传承必须由"专业"的理师、贾师或寨老来承担，在排解纠纷、说理断案等场合中使用。此外，在实际唱诵理辞的过程中，还要辅以特定的传唱技艺。② 因此与古歌相比，理辞的传播范围有限，现今只在黔东南州丹寨、麻江、凯里、雷山、黄平、施秉、台江、剑河、榕江、从江和黔南的三都、都匀等地流传。③

虎河村流传的苗族古歌和理辞在内容和形式上有时十分接近，或互相渗透，但就两者所传递规范的权威性而言，在实际社会应用中又各有侧重。古歌歌词轻巧明快，贴近生活，易懂易记。形式上灵活多变，妙趣横生。因此，古歌在村中广为传唱，无论在仪礼节庆、婚丧嫁娶、亲友聚会等场合，还是在田间劳作、日常娱乐的间隙中，村民都可"以歌传情"。其所展现的更接近于一般性的社会规范，在日常生活中起到教育化导的作用。而理辞则由于内容复杂，需要特定人员和特定的传唱技艺，因此具有更强的权威性和实用性。在调处纠纷、排解矛盾之时，理辞既展现出法理性的依据，又呈现出程序法的特点，依据理辞而做出的案件判决结果具有绝对的权威性。④ 而在日常生活中的传唱则凸显出"普法教育"的作用。⑤

作为教化型生态榔约，苗族古歌和理辞中包含着丰富的生态知识，蕴含有朴素的生态意识，具有鲜明的"扬善"特征。主要体现了

---

① 王凤刚：《苗族贾理》，贵州人民出版社 2015 年版，第 2 页。

② 徐晓光：《原生的法：黔东南苗族侗族地区的法人类学调查》，中国政法大学出版社 2010 年版，第 87 页。

③ 王凤刚：《苗族贾理》，贵州人民出版社 2015 年版，第 1 页。

④ 王凤刚：《苗族贾理》，贵州人民出版社 2015 年版，第 10 页。

⑤ 徐晓光：《原生的法：黔东南苗族侗族地区的法人类学调查》，中国政法大学出版社 2010 年版，第 92 页。

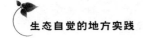

三个方面的生态意蕴。

其一，万物有灵。"万物有灵"的根本内涵在于人格化的灵被赋予事物，[①] 即人与自然之间并没有明显的界限，意识、意志、情志等被认为是万物共有的特征。基于这种认识，苗族人民在处理人与自然间关系时就会推己及人，想象一旦做出伤害自然的举动，自然也会像人一样苦痛、难过，客观上起到了保护自然生态的作用。在苗族古歌古理中，万物有灵思想体现得淋漓尽致。例如，古歌古理中所有出现的动物、植物甚至生产工具等都被赋予了人类的意志、情志特征，而且这些事物可以是人类的家人、伙伴，都可以用同一种语言和思维方式进行沟通交流。例如，金和银可以像婴儿一样出生，也要像婴儿一样在出生第三天举行"出门见天"[②] 的仪式；风具有灵魂，它住在风箱；太阳和月亮也会因听错了运行的时辰，造成人间的灾难；等等。再如，虎河村村民至今仍然遵循着珍爱树木的古理，这种古理也认为，"树木会说人话，碰它、砍它，它也会喊疼，也会流血，也不想让人们来砍。因此不能随便乱砍山上的树，砍之前也要祭它，减少它的痛苦"。（2015 年 10 月，虎河村村民李和荣访谈）

其二，万物平等共存。在苗族古歌古理中，苗族先民充分发挥丰富的想象力，创生出一套"物—人"进化图谱。他们认为，枫香树是万物的起源，"变化成千样物，变成百样个物种"。在枫香树心孕育出蝴蝶妈妈，而蝴蝶妈妈又孕育出人类的始祖姜央，以及雷公、水龙、老虎、大象以及妖鬼、蛊等，成为人、神、兽、蛊共同的祖先。基于这种认知，人类与其他万物都是同宗共祖的关系，人与自然万物实际上表现为有差异但本质共同的关系。因此，在苗族人民的观念中，人

---

① ［英］爱德华·泰勒：《原始文化》，连树声译，广西师范大学出版社 2005 年版，第 419 页。

② 苗族新生婴儿出生后的第三天早晨，要杀公鸡一只，煮鲤鱼三五条，举行出门见天仪式，请家族众人吃饭，给孩子取名。

类并不是自然的主宰，万物都是平等共存的。由此，苗族人民在日常生活中十分小心地爱护每一样事物，心存敬畏。例如，在《运金运银》歌中，对于金银的流向，苗族先民伤透了脑筋。因为"若从菜园走出去，园子菜叶多又多，也怕菜叶遭踩落。若从竹林里头竹子多，也怕竹节遭踩折。不知从哪边出去好？若从秧田走出去，秧田里头秧苗多，也怕踩断稻秧苗"。①

　　其三，遵从自然规律。古歌古理中蕴含着丰富的朴素唯物主义观，② 充分体现了苗族先民对自然规律的探究和认知。例如，《苗族古歌》开篇即提出先民对于世界本源的追问，认为"水汽"是世界的本源。③ 这种认知并非是心因性的，而是与苗族先民早期生活的河湖平原环境有关，呈现了一种原始的、自发的唯物主义。在对自然规律认知的基础上，利用和改造自然也必须依从自然规律。古歌中展现了大量此类内容。例如《栽枫香树》歌中记载了必须顺应自然规律来播种和栽树，否则就会产生不良后果。"枫树要栽山坡旁，枫树长得白生生，枝枝都长得平直；杉树要栽在西冲，株株树干一样直；松树要栽在山弯，株株松梢都平直；还有柏杨和麻栎，随便丢在山冲口，送给孩子拾柴火。""枫树栽的不对头……一朝萎缩小三倍，三朝萎缩小九倍，枫树萎缩小七抱。"④ 再如开山开田时，选择的位置必须谨慎小心。"你要刨就刨上山，别刨泥石下冲来，地方留来开田坝，开出坝田养爹妈。"开田既要留水路，又不能留得过多，导致河水流尽。"斧子劈开山坡，河水才有道路走：担心河水都流尽，山冲没有水奔流。地方粮食不丰收，他才挑来一捆钎，挑捆钎子上山坡，一个山坡戳一钎。……这才有水产稻粮，天下人才得饭吃。"⑤

---

① 燕宝编：《苗族古歌》，贵州民族出版社1993年版，第141页。
② 石朝江：《中国苗学》，贵州大学出版社2009年版，第203页。
③ 燕宝编：《苗族古歌》，贵州民族出版社1993年版，第7页。
④ 燕宝编：《苗族古歌》，贵州民族出版社1993年版，第458页。
⑤ 燕宝编：《苗族古歌》，贵州民族出版社1993年版，第71—72页。

对于违背自然规律的后果，古歌古理中也有所体现。例如在《洪水浩劫》歌中，呈现了人们违背自然规律而导致的"洪水滔天万山崩，昆虫死尽狲死绝，水稻粮种尽埋没，人类都死个干净"[1] 的惩罚后果。这些歌和理的内容蕴含着浓烈的感情色彩，十分直观地体现了苗族人民以生态规律行事的根本原则。

（二）惩戒型生态榔约

与教化型生态榔约不同，惩戒型生态榔约主要通过禁止、约束和严厉惩罚人们的生态破坏行为，来防止人们做出重复此类的行为，达到保护自然的目的。典型代表为生态榔规和自然禁忌。

1. 生态榔规

生态榔规经由十分严格的议榔程序产生。议榔，黔东南苗语称为"ghedhlangb"，为"议定公约"之义。通常而言，议榔具有一套完整的操作程序。当某一地域的苗族社会中出现了某些亟待解决的社会问题时，就由相关地域内的村寨头人、寨老等人物召集各村寨举行议榔会议。会议开始时，人们先在会场中埋下一块长方形的石条，一半埋在地下，另一半露出地面。埋好岩石后，由榔头或理老首先唱诵议榔的由来、议榔在各个历史时期对苗族社会的作用等。其次就所议之事展开广泛讨论，参加议榔的所有人有权自由发表意见。根据群众的意见，主持者以芭茅草筹计算决议得票数量及结果，与参会头人再度商议后，当众宣布最终议得的规约内容。之后，由榔头带领众人喝血酒歃盟。饮酒完毕，众人杀掉一头牛祭祀并均匀分割其肉，与会者每人领取一份肉，即散会。由于苗族历史上并没有自己的文字，埋下的岩石就相当于已经制定好的榔规，也象征着榔规岩石一样坚固、神圣、不可僭越，人人必须遵守。[2] 据统计，黔东南苗族地区历史上记录在

---

① 燕宝编：《苗族古歌》，贵州民族出版社1993年版，第611页。
② 吴大华：《黔法探源》，贵州人民出版社2013年版，第41—44页。

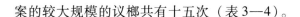

案的较大规模的议榔共有十五次（表3—4）。

表3—4　　　　　　　黔东南苗族历次议榔的地点与内容

次数	地点	议榔内容
第一次	太阳心、月亮怀	十二个太阳、十二个月亮的出现顺序
第二次	贾村、拢寨	寨规寨约。例如长幼亲疏、财产保护等
第三次	长衣、德拉	园中菜、山中柴、田里鱼、水中蚪等
第四次	乌洛、乌召	女人逃婚、男人离婚
第五次	虾刊、柳胜	反官家，抗官府
第六次	榕江、车江、格鸠	一寡妇败坏民俗
第七次	九千洋、党告	苗族先民最后一次大分支
第八次	白水寨、细德庄	反官家，抗官府
第九次	香炉山、凯里	安屯设堡
第十次	修纽、西江	田土、塘泽、山界、护林等
第十一次	郎当河口、小固鲁	"引独共""尤独梭"违规
第十二次	虎河寨、毕敌地	反清官，抗清府
第十三次	乌开地、掌排庄	提倡勤劳生产，惩罚懒惰、偷盗
第十四次	雷山、郎筛河	寨规寨约。例如财产保护、勤劳生产等
第十五次	陶尧庄、洋汪寨	反清官，抗清府

　　注：依据《雷山苗族理经》内容整理而得。此处记载的是黔东南苗族地区历史上记录在案的十五次较大规模的议榔。

　　生态榔规调整的内容涉及山林、水源、田土、动物资源等方面，可谓是"千种都入规，万样都有约"。[①] 其最为鲜明的特点是，以"罚榔"[②] 的办法明确禁止村民从事某种破坏生态的行为，清楚地限定了人类行为的边界。"罚榔"即为对违反榔规者作出惩罚，不同种

---

① 贵州省民族古籍整理办公室编：《贾》，贵州民族出版社2012年版，第173页。

② 王凤刚：《苗族贾理（上）》，贵州人民出版社2009年版，第45页。

类、不同程度的生态破坏行为对应不同等级的惩罚。

最为常见的是财产处罚，包括罚款和罚物。例如，对于烧山毁林的惩罚方面，"议榔育林，议榔不烧山，大家不要伐树，人人不要烧山。哪个起歪心、存坏意，放火烧山岭，乱砍伐山林，地方不能造屋，寨子没有木料，我们就罚他十二两银子"①。对于破坏田土、塘泽、山界、沟渠等的行为，"来议在田土，来决在塘泽。来议在山界，来决在护林。上沟归上沟，下渠管下渠。各冲顺各冲，各岭归各岭。……轻违三两三，重错六两六。……坦白三两三，抗拒六两六。"② 民国时期对于偷伐杉木的生态榔规规定，"偷伐杉木或偷摘桐、茶果者，罚大洋 12 元；剥木皮者，罚大洋 13 元"③。若村民的生态破坏行为较为严重，则还需另外罚物。例如对踩踏田埂并违规捉鱼、随意进入水塘乱捕虾的行为除了罚款外，"还要水牛赔礼，还要杀猪敬鬼"。④

其次是名誉惩罚，是对违规者公开实行的羞辱性惩罚。例如"谁若做兽行……捆他来对榔规，捉他来对场约，捆来给众人看，捉来给大伙瞧，定拿他来罚榔，定拿他来游场"。⑤ 名誉惩罚的效果具有很强的持续性，因为在村寨这个"熟人社会"中，"如果有人被游场了，很长一段时间内大家都会拿这个（游场的事情）说道理。不是你游完了，就罚完了，还要被说很久的。"（2015 年 10 月，虎河村原村支书杨德访谈）

级别最高的处罚涉及对身体和生命的处罚，一般很少使用，针对的是极少数严重违反榔规、违悖盟誓且屡教不改，或者破坏了村寨风水山、风水树等极为重要的生态资源的村民。例如对违悖榔规盟誓的

---

① 石朝江：《中国苗学》，贵州大学出版社 2009 年版，第 89 页。
② 贵州省民族古籍整理办公室编：《雷山苗族理经》，民族出版社 2015 年版，第 385 页。
③ 贵州省雷山县志编纂委员会编：《雷山县志》，贵州人民出版社 1992 年版，第 109 页。
④ 吴德坤、吴德杰编：《苗族理辞》，贵州民族出版社 2002 年版，第 295 页。
⑤ 王凤刚：《苗族贾理》，贵州人民出版社 2009 年版，第 45 页。

人"捆在鬼岭上砍，捆在神坡上杀。要他的颈子断，要他的脖子折，要他的肉涂地，要他的血浸沙"。① 如此严厉和残酷的刑罚能够直接震慑人们的内心，抑制生态破坏行为的发生。

2. 自然禁忌

禁忌（taboo）一词的基本含义为避免遭到惩罚，禁止用"神圣"的东西，禁止触犯和接触"不洁"的人和事。② 由于各个民族的文化不尽相同，禁忌的来源、种类与内容也十分多样。而对于雷山苗族来说，现存的诸多禁忌主要与自然环境有关。

自然禁忌的产生是人与自然关系在苗族先民意识中的反映。一方面，苗族先民依赖自然界提供衣食之源，因而对自然界充满了依赖之情；另一方面，自然力量极为强大，自然界又时刻孕育着灾难和挑战，使得苗族先民充满了恐惧和敬畏的心理。基于这种矛盾的心理，苗族先民本能地对自己的欲望等加以控制，企图通过逃避来顺应自然之神的心意，通过祭祀自然之神求得神灵庇佑。在此过程中，禁忌就产生并成为人与自然间建立互惠关系的必要手段和途径。③

虎河村从古至今保留着涉及山、树、水源、动物等方面的自然禁忌。最为突出的即为神山和神树禁忌。村民认为村寨风景山中居住着护寨神灵，因此严禁任何形式的破坏和玷污。"村庄地神，住在村庄坝和护寨坡地下……十二公护山梁，十二公保山岭，就是保山神，住在岩心，青石底下。"④ 因此，村民平时"除了祭祀以外，严禁在风景山中做任何活动，砍树这些行为想都不要想。放牛羊绝对不可以，连在风景林边拴牛都不行"。（2015 年 10 月，虎河村原村主任杨文访谈）相应地，位于风景山最高处的古松群、古枫树被认为是护寨祖先，村民在

① 吴德坤、吴德杰编：《苗族理辞》，贵州民族出版社 2002 年版，第 280 页。
② 田成有：《原始法探析：从禁忌、习惯到法起源运动》，《法学研究》1994 年第 6 期。
③ 万建中：《中国禁忌史》，武汉大学出版社 2016 年版，第 33 页。
④ 贵州省民族古籍整理办公室编：《雷山苗族理经》，民族出版社 2015 年版，第 9 页。

树下立菩萨石、在树上挂红布条以示标记，每逢年节按时祭拜。对于那些自然枯死的古树，村民也专门修筑了围栏将其保护起来，即使"风景树死掉了，也要按它死掉时的样子保持在那，不能挪动，更不能拿回家烧柴。"（2015年10月，虎河村村主任杨清访谈）

对水、火等的利用也有相应的禁忌。在对水的利用禁忌方面，由于村民相信水中居住着水神和龙神，保佑着全村人的用水安全，因此严禁向水中乱扔污秽之物，以及随意捕捞鱼、青蛙等。尤其对于水源地，禁忌任何形式的玷污，若有违反，整个村寨都会遭遇不测。对火的禁忌更加严格。由于村寨民居全部是木头建筑，一旦引发火灾，火势的蔓延将一发不可收拾，因此村民特别注意用火安全。村民认为火灾的发生是火星鬼造成的，于是在日常生活中尽量小心不去触犯它。例如禁忌随意挪动屋内火塘上的三脚架，[①] 也不能在其上随意烘烤杂物，更不能跨越和脚踩火塘，不能用脏东西玷污火塘。除此之外，村民还要在冬季干燥时节在全寨范围内组织专门的"扫寨"活动，以求与火星鬼禳解。

对动物的禁忌也有很多。例如禁止随意打骂牛，更不准随意杀牛吃肉，只有在家中老人去世、村寨共同祭祖或议榔活动时才可以杀牛。禁止随意捕杀燕子、喜鹊、乌鸦等；禁止捕杀和食用狗、蛇等。若有必要猎取动物时，必须心怀尊敬之情，在"打猎前要祭祀山神，不能有尽量多打野物的想法。打到了（猎物）几个人要平分，够吃就可以了，不能浪费"。（2015年8月，虎河村村民李乃千访谈）

从表面来看，自然禁忌似乎带有神秘和虚幻的面纱，但若揭开这层面纱，将会发现禁忌在实质上发挥着生态规训作用，在协调人与自然关系方面起着重要作用。一方面，由于村民认为严格遵从自然禁忌

---

① 传统苗族民居内都设有火塘。火塘一般位于堂屋正中，是以青石围成的一个火坑，上面架有生铁三脚架，以供取暖、做饭所用。

就可以趋利避害，因此小心谨慎地对待自然万物，客观上达成了人与自然和谐共生的效果。另一方面，自然禁忌在漫长的祖辈相传的过程中，潜移默化中规训着人们的生态行为，熏陶着人们对自然的情感，有助于强化人们对自然的崇拜、敬畏、感激和顺从之情，进而有利于保持自然生态的完整性和生命力。具体来说，主要表现在以下几个方面。

首先，自然禁忌具有心理惩罚和威慑的功能，调节和管理着人们的生态行为。与生态榔规作用在可预知的外在行为及其结果不同，自然禁忌"禁止的和抑制的行为在外观形态上通常是无所表现的"[1]，它的惩戒性作用于人们的心理层面，存在于精神和心意之中。[2] 自然禁忌常常与鬼神观念胶合在一起，虽然并没有成文的形式，却在人们的心里设置了无数条警戒线。而且人们相信，跨越这些警戒线必将遭受神灵的惩罚，付出沉重的代价，而这些代价将是人们无法预知或无法承受的。这在整个村寨范围内形成了一种强大的心理威慑力量，使得人们甘愿遵守这些禁忌，并在日常生产和生活实践中主动规范自己的行为，小心谨慎地对待自然万物。

其次，自然禁忌有助于形成有序的资源利用规则。在法律并未形成时，禁忌发挥着类似于法的规范作用，这一点已被学术界普遍承认。禁忌本身具有极强的传承性，并且能够在传承过程中不断地自我更新，以更加符合当时、当地社会特征的姿态出现在人们的视野中。如此一来，经过祖辈相传，一些自然禁忌逐渐转变为一些固定的处理人与自然间关系的行为模式，沉淀为良性的、有序的资源利用规则。如前所述的神山、神树、水源、动物禁忌等都转变为村庄现代村规民约中保护山林、水源、动物等的重要条款，而禳解火鬼的"扫寨"仪

---

[1]　任聘：《中国民间禁忌》，作家出版社1990年版，第17页。

[2]　任聘：《中国民间禁忌》，作家出版社1990年版，第5页。

式也流传并固定下来，成为现代村庄中消防预警的最佳机制。

第三节　尊重自然的民间信仰

　　苗族人民不仅在生产、生活等物质层面主动适应自然环境，也在思想观念层面不断进行调适，编织出一张博大的民间信仰文化之网。经过长期的历史沉淀，这张信仰之网积淀着苗族人民的精神心理，稳定地保存着苗族人民的思想精华。其最为突出的即是以"万物有灵"思想为基础而形成的自然崇拜和图腾崇拜，其中蕴藏了大量苗族人民自发产生的对人与自然间关系的理解和阐释，具有十分鲜明的生态内质。

一　"万物有灵"的自然崇拜

　　自然崇拜是雷山苗民最早产生的民间信仰形式，它建立在苗民"万物有灵"的认知特点之上。在苗族先民的眼中，自然万象可以分为可触知的、半可触知的以及不可触知的三类。[1] 可触知的对象是人们日常生活中能够看到、听到、感觉到，以及能够加以利用的，例如石头、草木、野果等。这一类事物能够完全地呈现在人们面前，其用途也可以被人们把握。半可触知的对象是人们不能完全感知到的，例如河流、山川等。这一类事物的特征在于人们仅能够感知及利用其一部分，例如能够看到巨大的山体、一段奔流的河段，但很难单纯利用感官来触知山的高度、河的全貌。不可触知的对象则是完全不能用感官确切验证的，例如日升月落、斗转星移、季节变换、草木生发荣枯、人的生老病死等。这一类事物的特点在于可见、可感而不可知。[2] 很显然，由于苗

---

　　① ［英］麦克斯·缪勒：《宗教的起源与发展》，金泽译，上海人民出版社 1989 年版，第 115—124 页。
　　② ［英］麦克斯·缪勒：《宗教的起源与发展》，金泽译，上海人民出版社 1989 年版，第 115—124 页。

族先民的认知水平有限，对于自然界中半可触知和不可触知的对象既不能理解，也无法捉摸，更无法抵御。长此以往，在人与自然力量对比悬殊的情况下，苗族先民便认为存在一种神秘的力量来支配世间万物，赋予其生命，由此生发出敬畏与崇拜的心理。

在"万物有灵"的认知基础之上，苗族先民将自然万物人格化，并对其进行祭祀和膜拜。在思维发展水平不足的情况之下，苗民并不能以逻辑的、理性的观点来解释自然万象，也没有其他可参考的知识，他们唯一熟悉的便是自身的情感、意志等对自体生命的直感。①因此，苗民自然而然地按照其内在直感来解释自然万象，将自身意志、情感等体验移植、推广到自然万物的身上，将其人格化。并且，在苗族先民的精神世界中，这种人格化了的自然万物、现象等具有比人类更强的生命和灵力，苗民认为它们可以按照自己的意愿给人类带来幸福或灾难。因此，苗民始终以谨慎、敬畏的态度对待自然，以期通过躲避或取悦鬼神力量来获得自身平安。自然崇拜由此产生了。

虎河苗民所崇奉的自然神灵主要分为两类。一类与村民生存的自然环境直接相关，例如天、地、山、树、石、水、火等。另一类则与村民的农耕活动密不可分，例如谷神、禾架神、犁耙牛神、结果树精等。（如表3—5所示）对于不同的神灵，村民均以敬重的态度，通过祭祀来和自然神灵进行对话、沟通，与自然之间保持和谐的共生关系。

表3—5　　　　　　虎河苗民自然崇拜的主要对象及祭品

崇拜对象	祭祀目的	祭品
天地神	保佑人畜健康，阖寨安宁	水牛、猪、鸡、鸭、鱼
山神	保寨安宁，保人健康、好运	猪、酒、糯米饭
龙神	保佑粮食收成，保寨安宁	猪、鸡、鸭、鹅、蛋

---

① 苗启明、温益群：《原始社会的精神历史构架》，云南人民出版社1993年版，第37页。

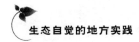

续表

崇拜对象	祭祀目的	祭品
雷神	保寨安宁，保人健康	水牛、猪或黄牛
岩妈神	送子添孙，保佑儿童	鸡、鸭、酒
树神	护寨安宁，保佑儿童	鸡、鸭、酒
火星鬼	驱鬼防火	猪或牛、鸡、酒、糯米
谷神	农事顺利，粮食丰产	芭茅草、花椒树、竹子、糯米饭、鱼、鸡
禾架神	农事顺利，五谷丰登	香、纸钱、酒、鱼、鸡、糯米饭
犁耙牛神	农事顺利，粮食丰收	酒、鱼、鸡、糯米饭
结果树精	枝繁叶茂，果实丰硕	酒、鱼、鸡、糯米饭

注：依据笔者在虎河村的调查资料、在县民宗局的访谈资料以及《雷山苗族巫文化》《西江千户苗寨》《雷山苗族理经》整理而成。

自然崇拜信仰固然具有浓郁的神秘色彩，然而透过其魔幻的外衣，虎河村民对人与自然间关系的独特理解和生态智慧即时呈现出来。可以从如下三个方面进行认识和把握。

其一，人类源于自然。关于人类的起源，虎河村流传至今的古歌讲述着这样一个故事。起初天地相黏连，是一幅"什么都还没有造"[①] 的景象。既没有日月星辰，也没有花草鱼虫，更没有人类。那么世界是谁造的呢？从人类始祖姜央，到比姜央诞生更早的府方、养优、火亚立、盘古、修狃等拥有神力的巨人，苗民层层盘问，又不断否定，最终得出结论，"水汽很聪明，水汽生最老"[②]，即水汽幻化并生养了天地万物。进而，在天地万物出现的顺序上，先是出现了山岭，再是生出了草木，然后出现了花鸟鱼虫，最后才是人的诞生。由此能够看出，苗民对于人在自然中的定位十分清楚，即人在本质上是自然（水

———————

① 燕宝编：《苗族古歌》，贵州民族出版社1993年版，第3页。
② 田兵编：《苗族古歌》，贵州人民出版社1979年版，第7页。

汽）的产物。这种观点既没有将人类视作神性力量的创造物，也没有将其视作自我意识的生成物，而是明确指出人类的生命根基在于客观的自然。假若将自然世界比作一棵大树的话，人与天地万物同为其上的枝叶。自然万物与人类都是一脉相承的亲密关系，甚至自然万物都要早于人类而存在。故而人与自然之间并非是对立关系，而是内在的"包含于"的关系。

苗族先民这种认为"水汽"是宇宙起源根本物质的认知观点，可以被认为是一种原始自发的朴素唯物主义。恩格斯曾对米利都学派伊奥尼哲学家对世界本原探讨的结果进行了总结，认为不管是泰勒斯认定的"水本原"说、阿那克西曼提出的"无定形"说，还是阿那克西美尼的"气本原"说、赫拉克利特所认为的"火本原"说，这些哲学观点归根到底是一种"原始的、自发的唯物主义，这种唯物主义，在其发展的最初阶段极其自然地认为，具有无限多样性的自然现象的统一是不言而喻的，并且在某种具有固定形体的东西中，在某种特质的东西中寻找何种统一，就如泰勒斯在水里寻找一样。"① 苗族先民这种"水生万物"的认知也并非是心因性的，而是与其生活环境密切相关的。已有的史料证明，原始苗族曾经生息、辗转在黄河和长江流域，其生活环境与水是分不开的。② 他们依水而居，傍水而食，在日常生产和生活中自然也要判断水资源能够为我所用，观测水的运行变化规律，顺应水的习性以趋利避害。在没有形成对"客观物质"的正确认知的时期，水由于其对原始苗民生存的至关重要性自然而然地被奉为万事万物的本原。

其二，人类依附于自然，自然高于人。一方面，村民认为自然物具有长久存在的特征，人不能与之相抗衡。"梨花坐枝不过三月，人

---

① ［德］恩格斯：《自然辩证法》，于光远等译，人民出版社 1984 年版，第 147 页。

② 石朝江：《中国苗学》，贵州大学出版社 2009 年版，第 16—18 页。

在世间不过三代。花本来不粘枝头，人不能与天共存"，① 这一古理十分鲜明地表达了村民的观点。另一方面，村民不仅将人的意志、情志特点赋予自然物，而且将神的品格带入自然万物中，认为自然神灵具有强大的、超人的智慧和能力，它们能够根据自己的喜好决定赐福于人还是降灾于人。因此，人们只有敬重自然，才会获得安宁和幸福。这种对于自然的理解固然带有唯心主义色彩，却是村民生态意识生成的重要基石。现代人类活动的迹象显示，人类征服自然的活动无异于自掘坟墓，而缺少对自然的理解、敬重之情正是其不当行动的缘由之一。虎河村村民所展现的敬畏自然的朴素情感，不仅在当时起到了客观上保护自然的作用，而且孕育了村民的生态自觉意识。

出于上述认知，虎河村村民将自然物奉为神性的存在，尤其对于树木、森林等与村民生存息息相关的事物，村民将其视为村寨的保护神。虎河村寨头处矗立着一片千年古松群，村民深信这些古树具有灵性，将其视同寨老、认作风景树，认为其能够保佑全寨人畜兴旺，安康无忧。若有人破坏这些风景树，不仅当事人会受到树神惩罚，还会连累全村遭殃。

　　　　我们这里寨子上的那些大树是不敢砍的。它们是守护寨子的，不光守护我们这个寨子，还守护别的寨子。你看那个树的枝丫，要是它们朝向哪个村子的枝丫自然枯死之类的，哪个村子就要发生火灾。或者村子先发生火灾，然后哪个方向的枝丫就枯死了。因为这个砍老树，我们村发起过一次事故。那一次是一个我们本村的人，他也是非常莽撞的，直接去砍了几个枝丫，后面他也是莫名其妙地自杀身亡了。这事一讲过来，大家都不敢再动那些老树了。现在想想，也许是因为某些事情刚好这么巧合，但是

---

① 吴德坤、吴德杰编：《苗族理辞》，贵州民族出版社 2002 年版，第 93—94 页。

（大家）就是不敢动了。（2015 年 10 月，虎河村寨老李志访谈）

为此，村民不仅严格保护这些风景树，还认领其作为"保寨神""保家神"，在逢年过节和遭遇不测时对其加以祭拜。村中最大、最古老的一棵古树被认作"护寨之神"，村民在树上系上了红布条，并在祭村、扫寨、逢年节之时，以糍粑、酒肉、纸香等进行祭拜。此外，村中几乎每户人家都认领了一棵风景树作为自家的"保家神"。村民挑选良辰吉日，认领一棵风景树作为庇护全家之神，在树上挂上红布，在树下立一块菩萨石，以此作为标志。每逢年节，这户人家杀鸡杀鸭、烧纸洒血进行祭拜。

其三，人与自然和谐共处、互利互惠。尽管认为自然高于人而存在，虎河苗民却并非被动地受制于自然，而是积极寻求与自然的和谐共生之道。对于神秘莫测的各方自然神灵，村民既不排斥，也不盲目崇拜，而是通过协商的办法与自然达成互惠关系。例如村民对于岩石的崇拜。村民认为岩石（尤其是巨石或怪石）具有"赐子赐福"的神秘力量，[1] 因此希望通过祭拜岩妈神来求子求福，保佑儿童健康平安。村民祭祀岩石的方式有两种。一种是未生养的夫妇祈求岩妈神赐子，每逢年节便会杀鸡杀鸭，带着红纸、酒肉、香纸等祭品来祭拜岩石菩萨。另一种是已生养的夫妇祈求岩神保佑孩子健康成长，为孩子请"岩妈"，即认岩石做孩子的妈妈。"请岩妈"仪式一般在孩子出生三天后，需要在鬼师的引导下，以猪或鸭、酒、糯米饭、香纸等进行祭祀。此后每逢年节，都要以酒肉、香纸等祭祀"岩妈"。也有的人家在小孩子生病时为其"请岩妈"，以消灾避祸。在祭祀岩石的仪

---

① 在虎河村村民的精神世界中，岩石与苗族创世神话有关。村中广为传唱的古歌叙述了岩石与苗族始祖姜央创造人类的神秘关联。相传，远古时候，洪水滔天，灾难过后，世界上只剩下了苗族始祖姜央和他的妹妹。若想繁衍后代，必须兄妹成婚。然而这一行为有违伦常，于是二人问卜神灵能否成婚，办法之一就是求诸岩石。在岩石问卜结果的指引下，兄妹二人成婚并繁衍了后代。这一传说使村民相信岩石具有赐子赐福的神秘力量。

式中，村民与岩石之间实质上达成了一种互惠关系：村民将孩子"过继"给岩石，并定期供奉岩石，而作为回报，岩石赐予孩子平安健康的生命禀赋。在这种交换、互惠的过程中，人与自然达成了一种相互依存、相互利用、相互协作的关系，①进而达致和谐共生的生存状态。

图3—1　虎河村祭岩石的遗留

二　人与自然"同源共祖"的图腾崇拜

所谓图腾（totem），原为北美印第安阿尔衮琴部落方言，意为"亲族""亲属"。②图腾及图腾崇拜活动是人类历史上的一个普遍现象，它伴随着氏族制的形成而产生，具有以下四个方面的显著特征。③

---

① 陆群：《民间思想的村落：苗族巫文化的宗教透视》，贵州民族出版社2000年版，第38页。

② 何星亮：《中国少数民族图腾崇拜》，五洲传播出版社2006年版，第3页。

③ 岑家梧：《图腾艺术史》，郑州：河南人民出版社2017年版，第2页。

一是图腾的实体最常见于某种动物或植物，原始先民相信这种动物或植物是其先祖，或与之有血缘关系。二是集团成员对于作为图腾的动植物必须崇敬和爱护，不能损毁、生杀，违者将接受惩罚。三是同一图腾的成员是一个完整的群体，具有共同的图腾信仰。四是禁止同一图腾内的男女成婚，实行绝对的外婚制。由此可见，图腾是一种文化事项，它所表现出来的内容包含有社会组织制度、婚姻、信仰等多方面的重要因素，而这些因素后来各自发展成为自成一体的文化现象。[1]

图腾崇拜的产生基础包括两个方面。首先是客观的物质基础。任何一种思维观念的产生都离不开客观的社会存在，图腾崇拜也不例外，其产生与一定的社会生产和生活密不可分。学术界的研究已经表明，图腾的实体多为动物或植物，而且是群体成员所熟悉的动植物，人们未见过的图腾一般是不存在的。[2] 这就表明原始人在选择图腾时，往往着眼于其所生活的自然环境，或者选择与其生产、生活实践密切相关的事物。也正是因为这一点，世界各民族才形成了千差万别、丰富多样的图腾物象、图腾文化。其次是主观的思维基础。早期社会中人类思维发展并不充分，并没有完全将自己从自然界中分离出来。因此，在"万物有灵"思想的影响之下，原始人自然而然地将人类社会结构的特征转嫁到自然界之中，认为自然界中的动植物也如同人类社会一般组织起来，并且人类能够与周围的某种动植物结成联盟关系。而在当时的社会条件下，对原始人来说最重要的联盟关系便是血缘亲属关系。[3] 再加上原始人对自然物怀有崇拜心理，他们很容易从一个特殊的角度来认识和解释自己的起源，即某种动物或植物曾经变成过人，人类是其子孙后代。

苗族支系众多，图腾物象也十分多样，包括枫树、蝴蝶、龙、

---

① 何星亮：《中国少数民族图腾崇拜》，五洲传播出版社 2006 年版，第 9 页。
② 何星亮：《中国少数民族图腾崇拜》，五洲传播出版社 2006 年版，第 9 页。
③ 何星亮：《中国少数民族图腾崇拜》，五洲传播出版社 2006 年版，第 50 页。

鸟、犬、鹰、竹等多种事物。虎河村村民所崇拜的图腾主要是枫树与蝴蝶。

首先，枫树崇拜。黔东南苗语称枫树为"道芒"，"道"是"树"的意思，"芒"是"妈妈"的意思，枫树在黔东南苗语中的含义即为"妈妈树"。这一词语直接反映出苗民以枫树为母，将枫树作为民族图腾的事实。"枫木生人"的故事也在虎河村流传至今的苗族古歌、苗族史诗中得到印证，《枫木歌》《古枫歌》等清晰说明了枫树是苗族的来源、人类的始祖。"远古那时候，山坡光秃秃，只有一根树，生在天角角，洪水淹不到，野火烧不着……那是什么树，那是白枫树……枫树在天家，枝丫满天涯，结出千样种，开出百样花……枫树砍倒了，变作千百样……树根变泥鳅……树桩变铜鼓……树干生疙瘩，变成猫头鹰……树叶变燕子……树梢变鹊鸟……树干生妹榜，树心生妹留，这个妹榜留，古时老妈妈"。[1] 由此能够看出，苗民认为天地生枫木，枫木化生万物，尤其孕育了人类的先祖蝴蝶妈妈（"妹榜留"是苗语的音译，意为蝴蝶妈妈），因此将其认作人类的诞生之源，形成了枫树图腾崇拜。[2]

由于崇奉枫树"生命""生殖""长寿"的力量，虎河村苗民祭祀枫树多为求子嗣、求平安。在村中，假若夫妻俩没有孩子，或孩子体弱多病，一般都要祭拜寨头处的老枫树。若夫妻二人无子，则选择鸡、酒、肉、饭、香、纸为祭品，在枫树下焚香化纸，并对枫树默念心愿。大概祭祀用语为："我们夫妻俩，坐村不合村人，坐寨不合寨

① 田兵编：《苗族古歌》，贵州人民出版社 1979 年版，第 117—183 页。
② 这种"枫木生人"的观点与前文所述的"水汽生人"的认知并不冲突，而是由于思维发展阶段不同，苗民的认知特点也不同。苗学研究者石朝江先生认为，信仰发展到图腾崇拜时，苗民的思维已经逐渐从低级向高级演化，反映在其信仰中，表现为世界本原从无机物（云雾/水汽）到低级有机物（植物/枫树）的发展。在这一转化过程中，苗民仍然以客观世界的物质作为生命起源。（参考石朝江《中国苗学》，贵州大学出版社 2009 年版，第 207 页。）

人。别的夫妻有子有女，我们夫妻久久不能得一男半女。现在拿鸡、拿肉、拿酒来请您老人家，请您送给我们夫妻俩一男半女。使我们坐村合村人，坐寨合寨人。"① 如果夫妻已育有子嗣，但孩子体弱多病，则拜请枫树为"保爷"。大概的祭祀用语为："我儿吃不下，吃不香，现在拿鸡拿肉拿酒来请你老人家，保佑我家孩子吃香睡足，万事不愁，万病不倒，长命百岁。"② 祭祀完毕后，父母把红布捆在树干上，然后杀鸡祭拜，将鸡的羽毛混着鸡血粘在树干底部。最后，在树下奠酒、奠肉、奠饭，意为请枫树食用这些祭品。以后每逢年节，村民都要来祭拜枫树。

除此之外，村民在日常生活中也保留有一些崇拜枫树的痕迹。在建房之时，村民认为枫树是镇宅之木，倾向于选择枫树作为中柱，认为只有这样才能做到祖孙兴旺，家业发达。在祭祀祖宗时，所用的鼓必须用枫木制成。祭鼓象征着祭祖，村民坚定不移地认为祖先的灵魂栖息在枫木中，因此必须用枫木做鼓才能够起到祭祀祖先的效果。在青年男女谈恋爱之时，他们也喜欢靠近枫树，希望如同古歌中所唱到的那样，"枫枝遮着哥，枫枝遮着妹，遮着哥谈情，遮着妹说爱，护着哥成亲，护着妹成亲"。③

其次，蝴蝶崇拜。蝴蝶崇拜直接与枫木崇拜相关。从前述的"枫木生人"神话中能够看出，枫木树心孕育了"妹榜留"，也就是蝴蝶妈妈，后来蝴蝶妈妈才孕育了人类的始祖姜央。因此，虎河苗民将蝴蝶妈妈视为苗族始祖，对其加以崇敬，祈求蝴蝶妈妈能够引导他们趋吉避凶。这一点在雷山一带苗族流传的神话中也能够加以印证。相传，姜央开田造土、繁衍人类之后，连续遭遇瘟疫、大旱等灾害，苗民生活相当艰难。姜央认为这是没有祭祖造成的，于是决定祭祀蝴蝶

---

① 杨从明编：《苗族生态文化》，贵州人民出版社 2009 年版，第 199 页。

② 杨从明编：《苗族生态文化》，贵州人民出版社 2009 年版，第 199 页。

③ 杨正伟：《试论苗族始祖神话与图腾》，《贵州民族研究》1985 年第 1 期。

妈妈。在祭祀之后，苗民生活变得风调雨顺，庄稼连年丰收。于是姜央便定下规矩，定期祭祀祖宗，祭祀蝴蝶妈妈。此后祭祀蝴蝶妈妈便成了雷山苗族人民沿袭下来的传统风俗。

虎河苗民对于蝴蝶妈妈的崇拜，更多地体现在请求蝶母保佑村寨人丁兴旺、家业发达方面。在传统社会中，人口繁殖对苗民来说具有十分重要的意义，因为只有人口增加，在低生产力水平的情况下才可以获取更多的食物，维系自身生存。而蝴蝶具有十分强大的繁殖能力和速度，因此苗民希望通过祭祀蝴蝶，自己也能获得如蝴蝶般旺盛的生殖能力。除了祭祀以外，虎河村妇女最喜欢在苗绣中加入蝴蝶元素，希望通过将蝴蝶妈妈穿在身上这种方式，感应到蝶母的生殖能力。至今，在虎河村妇女的苗绣作品中，蝴蝶纹样随处可见，或单独出现，或与枫树、牛角、鸡等纹样组合出现，其中也带有人丁兴旺、家业发达的美好寓意。

图腾崇拜反映出苗民对人与自然关系的认知变化。如果说自然崇拜反映了苗民认为人与自然之间的普遍关联，那么图腾崇拜则更进一步，反映出苗民对人与自然之间血缘关系的体认。无论是"枫木生人"的神话，还是"蝴蝶妈妈"传说，其中除了图腾本身的意象之外，还有一项不可忽略的内容，即人与自然之间不可分割的亲属血缘关系问题。在"枫木生人"神话中，枫树被砍倒后幻化为千百种事物，本身已经体现出万物共存、"大家都是枫树生"[①] 的事实。而出生在枫树心的蝴蝶妈妈孕育了十二个蛋，孵出了人类祖先姜央和雷公、水龙、老虎、蛇和妖鬼等，更进一步直接表明了人、兽、鬼共祖的事实。

虎河苗民的这种认知反映了其在处理人与自然关系时以"亲缘"为本位的生态思维，闪烁着生态智慧的光芒。"亲缘本位"生态思维

---

① 燕宝编：《苗族古歌》，贵州民族出版社 1993 年版，第 492 页。

源于恩里克·萨蒙（Enrique Salmon）的"亲缘本位的生态学"（Kin-centric Ecology）。恩里克·萨蒙对美洲原住民的研究发现，原住民将自己与自然万物都视作同一大家庭中的一员，人与其他生命相互依存才是人类生存的关键。[①] 这种亲缘本位的生态思维方式直接影响着原住民的生产、生活实践，并帮助他们维持生态系统的弹性。同样地，虎河苗民的枫树崇拜、蝴蝶崇拜也内在地强化了村民与自然之间的亲密关系。从这一点出发，苗民将周围不可理解的自然变成了可以理解的自然，将自己与自然物共同置于"扩大的生态家庭"[②] 之中。既然同为生态大家庭中的一员，人类就没有伤害"亲属"的权利；既然视枫树、蝴蝶为先祖，那么人类就没有凌驾于自然界之上的权力。基于这种认知，村民在日常生活中以尊敬、平等的态度对待生态大家庭中的"亲属"，与之和谐共处，客观上起到了保护自然生态的作用。

本章呈现了传统时期虎河村村民的社会实践及其生态结果。从生产上来看，从游耕到梯田生态系统的建构充满了先民利用自然、改造自然的生态知识、生态技术和生态智慧。从生活上来看，村民衣、食、住的各个方面均呈现出顺应自然、顺势而成的特点。从民间信仰来看，村民保有自然崇拜、图腾崇拜等多种民间信仰，生发于自然生态的土壤，蕴含了苗族先民朴素的生态观念，积聚着苗族人民的心理意识。尽管生存环境发生了从平坝到山地的改变，但由于苗民有意识地适应自然生态，不仅没有造成生态破坏，反而与自然和谐相处。

从苗民生态意识的角度来考察，这一时期其生态意识突出地表现为"自发"特点。此处需要澄清对"自发"含义认识的误区。在一些观点中，"自发"带有"本就认识到的""具有自觉意图的"的倾

---

① Salmon, E., "Kincentric Ecology: Indigenous Perceptions of the Human—Nature Relationship", *Ecological Applications*, Vol. 10, No. 5, 2000, pp. 1327–1332.

② 陈祥军：《阿尔泰山游牧者：生态环境与本土知识》，社会科学文献出版社 2017 年版，第 82—85 页。

向，最典型的例子即是过分夸大、强调民族或地方的原始生态智慧，认为其与环境和谐共处的能力是"天生"的。若拿虎河村来举例，则可认为村民保护生态的行为就如同"动物本能的行动方式"一般。然而事实并非如此。苗族先民在生产、生活中进行具体实践之时，并不怀有诸如"为建设民族生态文化奠定基础""为保护自然环境贡献力量"等宏大的观念意识，驱使其行动的原因似乎更在于趋利避害，以更好地维持族群稳定和发展的期许上面。从虎河村生产、生活的方方面面中也可以看出，这一时期村民行为的最大特点即是对自然的顺从性、顺应性和适应性。在这种状态之下，人类行为与外部世界的关系是从属与被从属的关系，人的主体性还未完全觉醒，主观能动性驱使下的行为也并没有完全摆脱自然力的约束和主宰，其与自然界之间达成的和谐既有人类主动构建的努力，也有着"不得已而为之"的成分。虎河村苗民从原来平坦的河坝地带迁入了崎岖的雷公山高地，相对于其原有的生存条件，雷公山地区的条件无疑恶劣得多。为此，村民为了摄入更多的能量以维持生存，不得不广泛利用生境中的有限资源，并随着自然环境的波动、变化来形成一些特定的行为方式。这些适应生境的策略，不能完全归结于其文化使然，更大程度上是囿于资源环境条件的限制。但是，尽管苗民并不以科学意义上的生态观念为出发点，但其适应生态的行为明显减轻了其生存危机，同样也减轻了环境的负荷。因此，客观上起到了保护生态的作用。

在澄清了自发意识的误区之后，应该注意到虎河村村民生态意识的自发性的体现。一方面，生态意识的形成与实践带有自发性，既未遭受任何外力的强制，也未经过任何刻意的设计，而是直接来自生产和生活中的直观体验和经验。茹毛饮血时代苗族先民对自然的敬畏和膜拜自不必说，即使是到了农耕时代，村民的生产生活仍未完全摆脱自然力的制约。当这种对自然的依附感、敬畏感渗透到个人的意识中时，生态意识的原始萌芽也就产生了。如此形成的生态意识带有极强的感性色彩、模糊性和非逻辑性，是"对社会存在的比较直接的反映，是一种不系统的、未定型的反映形式"①。

另一方面，生态意识的传承具有自发性，即并非通过正规训练、正式教育，或者出于清醒的保护认知而将生态意识传承下来，更多地是通过日常生活中潜移默化的文化熏染而积淀下来。如前所述，这一时期村民的生态意识尚且处于较低的发展层次，并未形成清晰的、清醒的生态理性认知。但其对于自然的敬畏情感、顺从态度以及适应自然的行动取向已然成型，并且经过生产、生活、习俗、禁忌、规约、信仰等各个环节不断强化至定性化、程式化，可以说成为了一种"集体心理"。那么此后每一辈村民自出生之时就沉入了这样的文化氛围，在成长过程中也不断适应和接受周边村民的行为、意识熏陶，自然而然地继承了长辈的行为和意识方式。他可能并未对长辈为什么这样做提出过质疑，也没有考虑过长辈行为的社会价值，更有可能在他认识到应该怎样做之前，他就已经在实践着了。

---

① 色音：《萨满教与北方少数民族的环保意识》，《黑龙江民族丛刊》（季刊）1999 年第 2 期。

第四章　集体化时期的生态失衡

　　1949 年中华人民共和国成立以后，中国农村社会迎来了划时代的历史巨变。自土地改革开始，中国共产党先后在广大农村试行并推广农业互助组、初级农业生产合作社、高级农业生产合作社以及人民公社制度，这对中国农业、农村和农民都产生了极为深远的影响。然而值得注意的是，在集体化的过程中，根植于国家现代化转型压力的焦虑引发了人们对自然生态的失误性、激进性重塑，使得中国大部分地区的自然环境遭到了较大的破坏。虎河村也不例外。自 1950 年雷山县全境解放后，虎河村也被卷入了一场疾风骤雨般的社会主义集体化改革之中。在由合作化迈向公社化的激进转向之中，"大跃进""大炼钢铁""深耕"等运动摧毁了村庄大部分的森林植被，无疑给村庄自然生态带来了极为不利的影响。其灾难性的生态后果逐步显现，并持续数年。

第一节　集体化及其激进转向

　　中华人民共和国成立以后，自土地改革肇始，中国乡村社会经历了逐步深化的社会主义集体化过程。在经由土地改革进入农业合作化的阶段，中国社会总体保持了恰当的发展政策和发展速度，却在由合作化迈向公社化的阶段发生了激进的转向。"大跃进"和"人民公社化"运动即是典型表现。

一　土地改革：集体化之前奏

中华人民共和国成立以后，国家随即着手对中国农村进行土地改革，以改变旧有的生产关系，实现生产力解放，"为新中国的工业化开辟道路"。[1] 虎河村是雷山县最早一批进行土地改革的村庄之一，1952 年 1 月开始即分三步走进行土改工作。土改干部进入村庄后，首先在村庄内成立了农民协会，对广大村民访贫问苦，扎根串联，广泛发动群众。第二步是查田评产和划分阶级成分。土改干部根据中共中央《关于划分农村阶级成分的决定》，普查登记各户土地数量，以土地占有量、是否劳动等为主要标准进行阶级分析排查。第三步为重新分配斗争果实，没收地主、富农的土地、山林、房屋、耕牛等，分配给贫雇农。尽量做到"缺啥补啥、缺多补多、缺少补少、不缺不补"。虎河村由于地处高山，田产数量本就不多，村中拥有田产最多的 2 户人家充其量只能算作半地主式富农。因此在没收田产时，仅将其超过标准部分的土地、山林没收并分配给了无地、少地的贫雇农。经此改革，虎河村人均占有土地量上升至 1 亩左右。

客观地说，由于田产数量本就偏少，土地改革在经济意义上给虎河村带来的转变仍然有限。相比之下，土地改革的政治意义更为明显。一方面，全新的阶级制度赋予了村民全新的身份"标签"，为土改后乡村的政治、经济与社会生活提供了一个基本的框架。[2] 另一方面，具有国家权力背景的新型权威扎根村庄，村庄与国家间的纵向联系初步加强。土地改革过程中，村庄内成立了农民协会。尽管在政治意义上，农民协会是农民自愿结合的群众组织，但由于实行"一切权

---

[1]　中共中央文献编辑委员会编：《刘少奇选集》（下卷），人民出版社 1985 年版，第 33 页。

[2]　韩敏：《回应革命与改革：皖北李村的社会变迁与延续》，陆益龙等译，江苏人民出版社 2007 年版，第 94 页。

力归农会", 农民协会实际上主导着村庄的政务和村务, 成为村庄唯一的领导组织。并且, 农民协会对上直接听令于县政府和党委的领导, 这就在事实上使得村庄开始成为国家控制下的一员。

经此改革, 广大贫苦农民在经济上分得了土地, 政治上"翻了身"。然而土地改革并没有结束贫困, 土地私有制仍然延续了分散的家户经营模式, 家际的竞争仍然是农村经济的主要特点。长此以往, 小农经济的先天缺点再次暴露, 新的土地兼并集中、农民贫富分化的趋势必将重新显现。[①] 土地改革结束后山西、东北等地的农村也确实表现出"中农化趋势"和"两极分化"的情况。[②] 而这种情况对于当时国家的现代化和工业化建设无疑是十分不利的。鉴于此, 中共中央立即着手改造传统小农, 引导农民步入互助合作的道路, 并逐渐走向集体化发展的方向。

二 从互助组到合作社: 集体化的逐步推进

将广大农民"组织起来"加入互助组是通向集体化之路的第一步。1951 年 9 月, 第一次全国互助合作会议召开, 形成了《中共中央关于农业生产互助合作的决议草案》, 阐明了农村实行互助合作的内容与方式。1952 年初开始全国范围内迅速掀起了互助合作运动的热潮。至 1952 年底, 全国约有 40% 的农户参加了互助组和合作社, 比之 1951 年底增长了一倍左右。[③]

[①] 张乐天:《告别理想: 人民公社制度研究》, 上海人民出版社 2012 年版, 第 49 页。
[②] "中农化趋势"指的是在中农户数在农村总户数中所占比重越来越大。出现这一现象的原因在于, 土改后贫雇农生活水平逐步改善, 上升至中农生活水平的农户越来越多。这一现象在早期解放的老区中最为常见。"两极分化"指的是一部分经济上升较快的农户开始买地、雇工, 扩大生产, 而另一部分生活困难的农户则开始卖地和受雇于他人, 农村中新的贫富分化又开始出现。这种情况在当时全国总体范围内并不十分严重, 但对当时的国家建设来说也存在诸多隐忧。参见陈吉元、陈家骥、杨勋编《中国农村社会经济变迁 (1949—1989)》, 山西经济出版社 1993 年版, 第 86—88 页。
[③] 陈吉元、陈家骥、杨勋编:《中国农村社会经济变迁 (1949—1989)》, 山西经济出版社 1993 年版, 第 106 页。

　　虎河村于1952年9月组织成立互助组，全村共成立了3个临时性互助组。互助组的建立在虎河村是比较顺利的，并未遭遇任何抵抗。村民之所以愿意响应互助合作，是因为村庄一直以来就有着换工、帮工和互助的传统。换工、帮工在中国农村中由来已久，并不是什么新鲜事。早在元代的《农书》中就记载了中国北方农村中农民自发结成"锄社"来组织农耕的事实。费孝通对江村、禄村的调查都曾显示村庄内具有换工、帮工的传统。而对于虎河村来说，山间农业生产中的互助一直显得更为重要一些。由于地处高山，田块分散，虎河村稻作生产全靠人工和牲畜，单一的家户很难独自承担起繁重而紧迫的田间作业，因此亲属和邻里之间的换工、帮工便显得十分重要。而且，由于高山气候垂直变化大，每丘稻田在成熟时间上并不一致，产生的时间差也使得换工生产更加从容。当互助组成立后，除了以更加规范的方式确定帮工次序、协调劳动量①等内容之外，互助组内的合作生产在本质上与村庄原已存在的自发互助生产并没有什么不同。因此，村民对于加入互助组并没有产生心理上的排斥。

　　虎河村互助组存在了约两年的时间，基本上定型为一种松散性的合作关系。全村的三个互助组多在春耕、夏种、秋收之时组织互助生产，平时生活中若有建房、红白喜事等，仍旧是亲属之间的走动、互助较多一些。因此在村民的回忆中，互助组时的农事生产与传统时期并没有很大不同。

　　之后，随着农村集体化程度的进一步提高，互助组被编入到初级社当中。在初级社发展伊始，国家秉持了保守、审慎的态度，坚持稳步、巩固的方针，本着农户自愿和互利的原则推进初级社的建立工作。在这一时期，农户退社、农村解散初级社都是被允许的，甚至在

---

　　① 黄锐：《黄村十五年：关中地区的村落政治》，上海人民出版社2016年版，第91页。

退社时，农户还可以抽走属于其私人的生产资料、股份基金或投资。[①]在这样的氛围下，雷山县于 1954 年 3 月开始探索组建初级社，选择了最早进行农业合作化、互助生产基础较好的西江镇水寨建立初级农业生产合作社试点。此后开始在全县范围内分批建立初级社。

1954 年 10 月，虎河村的一个互助组升级为全村唯一的初级社，用村民的话来说，就是"不了解初级社是什么，先组成一个（初级社）摸摸路子"。入社农户仍然保有土地和其他生产资料的私有权，但将其使用权转让给初级社。集体统一经营后，收入按照土地和劳力两个部分的分红结算。其他的农户仍然保留着原有的互助合作生产方式。这样的生产组织方式维持了半年多以后，虎河村在县委和干部的督促下将原有的三个互助组拆分成两个初级社，全村村民统一整编入社。在此过程中，部分生产资料相对充足的村民曾对入社抱有迟疑态度，但在当时干部们频繁的宣传教育下也都最终"随大流"加入了初级社。

完成初级社的组建任务之后，向高级社的迈进显得顺理成章。1956 年初开始，全国范围内高级农业生产合作社的发展速度可谓是突飞猛进、一日千里，各地争先恐后地跨入社会主义门槛。[②]雷山县于 1956 年初着手开展高级农业合作化的规划工作，并在短短一年多的时间之内迅速完成了高级农业合作化。至 1957 年 3 月，全县 173 个初级社合并为 69 个高级社，入社农户 10837 户，占总农户数量的 75% 左右，全县基本实现了高级农业合作化。[③]

虎河村初级社并入高级社的过程与全国大部分地区一样顺利，但村民已经真切地感受到了高级社所带来的变化。1956 年秋，虎河村的

---

① 张健：《中国社会历史变迁中的乡村治理研究》，中国农业出版社 2012 年版，第 130 页。

② 陈吉元、陈家骥、杨勋编：《中国农村社会经济变迁（1949—1989）》，山西经济出版社 1993 年版，第 237 页。

③ 贵州省雷山县志编纂委员会编：《雷山县志》，贵州人民出版社 1983 年版，第 310 页。

两个初级社合并到了一起，并与邻村的几个初级社一起，完成了"初级升高级"的工作，组建起了一个高级合作社。与原先相比，升级并社带来的变化是巨大的。首先，土地和生产资料所有制的变化。进入高级社以后，原先属于农户私有的土地转为合作社集体所有，同时，耕畜和大型农具等生产资料也全部折价入社。其次，劳动收入分配形式的变化。原有的劳动和土地分红全部取消，采用评工记分的方式计算劳动报酬。按照《高级农业生产合作社示范章程》的规定，实行"各尽所能，按劳取酬，不分男女老少，同工同酬"的分配办法。最后，合作社管理方式的变化。[①] 高级社实行严密、集中的层级管理方式，其最高领导机关是社员大会。社员大会选出管理委员会以及监察委员会来辅助工作，并选拔社主任、副主任等管理具体事务。高级社下设生产队，但生产队只是劳动生产单元，无权决定社员的劳动收入分配。所有社员的工分价值审批、劳动报酬核算等统一由社员大会掌管。

起初，虎河村村民对高级社抱有期盼，希望能像国家宣传的那样过上"社会主义"生活。然而随着高级社的日益运转，一些问题很快暴露出来，严重影响了村民的劳动生产积极性。例如，生产松垮问题。在互助组和初级社阶段，社员都是本村村民，碍于熟人关系和舆论压力，社员在劳动过程中能够彼此约束、相互监督，工作节奏紧凑，颇具成效。但高级社是由虎河村和邻近几个村庄合并而成的，村庄原先熟悉亲密的亲属、邻里关系之中掺入了外来人、陌生人的关系因素，不仅社员之间相互监督和约束的力度弱了许多，而且不同生产队之间的暗中攀比、怀疑和矛盾也增加了许多。继而，一些偷奸耍滑的现象开始出现，直接影响到村民的劳动生产积极性。再如，分工管理问题。在评工记分体制下，生产分工直接关系到社员的工分收入。

---

① 黄锐：《黄村十五年：关中地区的村落政治》，上海人民出版社2016年版，第98页。

然而农活有轻有重，工分值也有高有低，被分配到重活、累活或低工分的社员总感觉自己"吃了亏"，就以"磨洋工"的方式偷懒，[①] "做一天和尚撞一天钟"。再加上有的合作社干部私心太重，将轻活和高工分的农活优先分配给亲属，或者在把关农活质量时放松标准，[②] 普通社员难免产生抱怨情绪，劳动生产积极性日趋低下。

虎河村的上述问题并非个例，同一时期全国范围内的高级社普遍出现了大大小小的问题，甚至出现了不同程度的社员"闹分社""闹退社"的问题。因生产管理混乱、劳动收入分配不公等问题的出现，在一些合作社中农民以谣言、诅咒、捣乱等形式表达不满；[③] 有的农民干脆暴力殴打社干、乡干和工作组干部；[④] 还有的社员直接"拉牛退社"、私分粮食，或强行在当初自家入社的土地上单独耕种；有的地方甚至闪现了"包工包产、包产到户"的苗头。[⑤]

总的来说，农业合作化的完成意味着新政权在社会和制度改造取得了巨大成就。[⑥] 尽管在合作化后期出现了过于急速的毛病，[⑦] 但合作化总体上是成功的，发展的方向也基本上是好的。[⑧] 但是继合作化之后，自 1957 年开始，急于求成、急躁冒进的情绪开始蔓延，"反右

---

① 张乐天：《告别理想：人民公社制度研究》，上海人民出版社 2012 年版，第 266 页。

② 黄锐：《黄村十五年：关中地区的村落政治》，上海人民出版社 2016 年版，第 109 页。

③ 李怀印：《乡村中国纪事：集体化和改革的微观历程》，法律出版社 2010 年版，第 58 页。

④ 王春光：《中国农村社会变迁》，云南人民出版社 1996 年版，第 260 页。

⑤ 这里的"包产到户"指的是在合作社内包产到社员户。在退社风潮发生后，邓子恢主张整顿和巩固高级社，谈及适当"包工包产、超产奖励"，肯定"统一经营、分级管理"的经营管理制度。1956 年《人民日报》发表文章首次提出了合作社内的"包产到户"经营办法，在社会上引起了强烈反响。随后，山西、安徽、江苏、广东、浙江等地相继在合作社内部试行"包产到户"。

⑥ ［英］费正清、罗德里克·麦克法夸尔编：《剑桥中华人民共和国史（1949—1965）》，王建朗等译，上海人民出版社 1990 年版，第 117 页。

⑦ 葛玲：《中国乡村的社会主义之路——20 世纪 50 年代的集体化进程研究述论》，《华中科技大学学报》（社会科学版）2012 年第 2 期。

⑧ 孙涛：《中国近现代政治社会变革与生态环境演化》，知识产权出版社 2018 年版，第 95 页。

倾""反保守"的运动氛围浓厚，不断推动着集体化发生激进转向，偏离了正确的发展道路。

三　"大跃进"与"公社化"：集体化的激进转向

随着国家对农业社会主义改造的基本完成，如何全面建设社会主义的问题正式提上国家议程。由于社会主义改造完成的时间比原定完成时间大大缩短，这一情势刺激了党中央的主要领导，使得他们认为社会主义建设的速度应当适当加快。[①] 此后，国家为实现理想的社会蓝图，为实现彻底而全面地对乡村的革命和改造，不断将理想付诸于激进的政策。在此过程中，接二连三地出现了违背实际和客观发展规律的激进实践，其中"大跃进"运动、人民公社化运动即是典型表现。

1957年下半年至1958年春，党内对于"反冒进"的方针做出了多次深刻的批判，并在广大农村中实行社会主义教育运动，渲染社会主义氛围的同时肃清了反对力量。在此期间，《人民日报》多次发表社论，强调"集中力量彻底打破保守思想"[②]，号召"我们有条件也有必要在生产战线上来一个大的跃进"。[③] 上述种种都为"大跃进"运动的发生准备了条件。1958年5月，中共八大二次会议在北京举行，大会通过了"鼓足干劲，力争上游，多快好省地建设社会主义"的总路线，"大跃进"运动的发动基本完成。此后，全国范围内迅速掀起了"大跃进"的高潮。

在不断高涨的"大跃进"运动中，农村生产关系和组织也开始向更加集中化的方向转变，人民公社的理想付诸实践。早在1957年冬至1958年春的大办农田水利运动中，为达到高度水利化的目标，部

---

① 张健：《中国社会历史变迁中的乡村治理研究》，中国农业出版社2012年版，第132页。

② 《建设社会主义农村的伟大纲领》，《人民日报》1957年10月27日。

③ 《发动全民，讨论四十条纲要，掀起农业生产的新高潮》，《人民日报》1957年11月13日。

分地区就已经打破了社界、乡界甚至县界，以在更大范围内、更高程度上组织安排人力、物力和财力，出现了"小社并大社"的现象。①1958 年 3 月，成都会议正式通过了《中共中央关于把小型的农业合作社适当并为大社的意见》，4 月份开始全国范围内迅速展开了"小社并大社"的工作。受到"大跃进"浪潮的不断推动，1958 年夏初，嵖岈山卫星公社诞生，人民公社的理想开始落地。此后，随着全国各地的普遍规划、试点，在短短两个月之内，人民公社化运动全面达到高潮。至 1958 年底，全国已成立 26000 个公社，吸收了 12 亿农户入社，入社比例达到了 99%。②

1958 年秋，雷山县先是实行"小社并大社"，紧接着建立人民公社的运动迅速发动，并在短短两个月的时间内达到高潮。很快，全县 69 个高级农业生产合作社合并为 8 个人民公社，入社农户达到 14654 户，占总农户数的 99.4%。在这一时期，虎河村被编入了率先成立的红旗人民公社，村民生产和生活全面实现了集体化。

在生产方面，生产资料统一收归公社，所有劳动力由公社统一指挥和调配。根据县委的规定，在实行公社化的过程中，原来高级社所有的公共财产全部无偿转归人民公社所有。而社员转入人民公社时，其原来所有的私有财产，包括自留地、房基、林木、粮食、牲畜、农具等在内，统一收归公社所有。村民所有的仅剩下少量的家禽、家畜，以及房前屋后的零星果木。不仅如此，劳动力也时刻听从公社的调动和差遣。按照军事化、战斗化的要求，社员按照军队体制组成班、排、连、营，乡内也划分若干战区，每当有生产任务时，由公社统一调配劳动力进行大兵团协作。

---

① 陈吉元、陈家骥、杨勋编：《中国农村社会经济变迁（1949—1989）》，山西经济出版社 1993 年版，第 301 页。

② 中华人民共和国国家农业委员会办公厅编：《农业集体化重要文献汇编（1958—1981）》下册，中央党校出版社 1981 年版，第 95 页。

在组织方面，人民公社实行"政社合一"，集"工、农、商、学、兵"各项功能于一体，这就给"中央政府与农村之间带来了一种新型关系"。[①] 在这种关系中，公社取代了原先的乡（镇）级政府而直接接受县级政府的领导，公社下分设生产大队，生产大队下又设立生产队，国家行政权力与乡村社会的经济组织真正结合在了一起，国家对乡村社会的控制更加严密和全面。与此同时，公社利用行政体系的上下级关系，对生产大队和生产队的干部拥有绝对的任免权，[②]"命令—服从"的模式在乡村社会得到完全的贯彻和实施。

在生活方面，推行生活集体化，大办食堂、托儿所和敬老院。村民印象最深刻的即是大办食堂。当时虎河村设立了一个食堂，工作人员是从寨中的妇女中挑选出来的，负责烧菜做饭、打扫卫生。生产队里所有的社员都组织到食堂就餐，杜绝家庭内部单独"开小灶"。据村民回忆，当时的社队干部还带头扒掉了农户家中的灶台，锅、碗、瓢、盆等炊具也一律收归集体所有。这种超血缘的、集体化的生活弱化了家庭原有的地位和功能，使村民个体从家庭中抽离，嵌入公社组织之中。

人民公社是"大跃进"浪潮中催生起来的产物，同时又成为"大跃进"运动的推进动力和重要保证。在"一大二公"的人民公社建立之后，经济建设"大跃进"朝向更加极端化、全面化的方向扩展。也正是在这样激进的意识与实践转向之中，对人的主动性的夸大、对自然界的激进重塑随之发生。

第二节　"向自然开战"及其生态后果

在对中国环境演化与政治社会变革进行研究之时，美国学者夏竹

---

① 韩敏：《回应革命与改革：皖北李村的社会变迁与延续》，陆益龙等译，江苏人民出版社 2007 年版，第 105 页。

② 吴淼：《决裂——新农村的国家建构》，中国社会科学出版社 2007 年版，第 102 页。

丽（Judith Shapiro）的研究发现，改革开放前生态与环境退化尽管与人口膨胀、可耕地限制、贫穷、政策失误以及不合理的价格体系等因素相关联，但潜在的动力因素却是全国范围内"向自然开战"的意识导向。① 在虎河村，"大跃进"运动发生前后，人的主观能动性在当时被过分夸大，发生了偏激的、过度的经济建设活动。在这其中，各种自然条件的局限、困难被理所当然地认定为革命和攻克的对象，人与自然形成了截然两分②和对立。进而在工农业"跃进"之中，忽视客观规律的情形频频发生。工业"跃进"中大炼钢铁引发了森林过度砍伐，农业"跃进"中的盲目开荒与深耕破坏了梯田生态，造成了山林退化、水土流失、动植物资源减少等一系列生态后果。

一　"向自然开战"的意识转向

"大跃进"时期，为实现经济社会建设的高速度、高指标，人的主观能动性被无限夸大。在党中央领导人看来，一切客观条件方面的限制都可以通过人的精神意志力量来实现突破。尤其是在提出社会主义建设总路线之后，"只要鼓足六亿多人民的干劲，动员六亿多人民力争上游，我们就一定能够高速度地进行建设，一定能够在一个比较短的时间内赶上一切资本主义国家，成为世界上最先进最富强的国家之一"。③ 一时间，全国上下迅速掀起一股宣扬人类主观能动性的热潮。例如，《人民日报》屡次发表针对粮食生产、钢铁生产的社论，宣称人的主观意志能够决定经济产量。其中，1958 年 7 月的社论宣称"我国粮食要增产多少，是能够由我国人民按照自己的需要来决定了"④，"没有万斤的思

---

① Shapiro，J.，*Mao's War Against Nature：Politics and the Environment in Revolutionary China*，New York：Cambridge University Press，2001，p. 11.

② Shapiro，J.，*Mao's War Against Nature：Politics and the Environment in Revolutionary China*，New York：Cambridge University Press，2001，p. 2.

③ 《把总路线的红旗插遍全国》，《人民日报》1958 年 5 月 29 日。

④ 《今年夏季大丰收说明了什么》，《人民日报》1958 年 7 月 23 日。

想，就没有万斤的收获"①；8 月的社论则提出了著名的"人有多大胆，地有多大产"的口号②，以及钢铁工业的发展速度"问题是我们想不想、要不要高速度？我们想要，就有；不想要，就没有"的问题。③

对人的主观能动性进行鼓吹宣扬，必然要对限制人类活动的条件进行贬低和批判。其中，自然成为主要的矛头之一。对此，国家首先从政治的高度发出"开战自然"的号召。1956 年召开的中共八大首次提出了"人定胜天"的口号。1957 年发表的《关于正确处理人民内部矛盾的问题》一文中再次强调"今后的主要任务是正确处理人民内部矛盾，以便团结全国各族人民进行一场新的战争——向自然界开战，发展我们的经济和文化，建设我们的新国家"。④ 这充分表明，"开战自然"已经提升到了党领导群众进行的新一场"战争"和"革命"的高度⑤，带上了浓厚的政治色彩。

其次，在整个社会中营造一种藐视自然、征服自然的氛围。一些着重强调"与自然抗衡"、"人是自然的主人"、"人类要战胜自然"的新闻报道、艺术作品、口号誓言等充斥在人们的生活当中。例如《向大自然开战的凯歌》《敢于向天宣战的人》《向地球开战》《向自然开战》《向地层进军》《要做大自然的主人》等文章层出不穷。再如一些充满革命浪漫主义的口号和誓言。"社员干劲真是大，海洋能驯服，大山能搬家。天塌社员补，地裂社员纳"，"我们一跺脚，大地就震动；我们吹口气，滚滚河水让路；我们一举手，巍峨大山胆寒；

---

① 《今年秋季大丰收一定要实现》，《人民日报》1958 年 7 月 28 日。
② 《祝早稻花生双星高照》，《人民日报》1958 年 8 月 13 日。
③ 《土洋并举是加速发展钢铁工业的捷径》，《人民日报》1958 年 8 月 8 日。
④ 中共中央文献编辑委员会：《毛泽东著作选读》（下），人民出版社 1986 年版，第770 页。
⑤ 李世书：《毛泽东对马克思主义自然观的理论贡献》，《毛泽东思想研究》2007 年第1 期。

我们一迈腿，谁也不敢阻挡"。① 在贵州省各少数民族群众自创的"大跃进"歌谣中，类似的表述也随处可见。例如"能叫山翻水倒流，能摘星星砍梭罗"②，"要叫石头长庄稼，要叫云上结棉花，风雨山川都听话，宇宙由我来当家"③，等等。

经此改造，这一时期自然的形象已经发生了截然不同的变化，由原先与人类相依相伴的"伙伴"转向了与人类截然对立的"敌人"。也正是由于自然已经成为需要"革命""开战"的对象，改造自然的实践就绝非单纯是生产建设活动那么简单，而是打上了浓厚的政治烙印。这就代表着，拥护、加入改造活动的，就是敢于破除迷信、拥护集体和社会主义的，而那些从正面或侧面怀疑、反对"开战自然"的，便是右倾保守主义、资产阶级反动的。例如在对"粮食增产有限论"的批驳当中，承认自然条件存在客观限制的人就被认为是与"资产阶级的反动的人口论殊途同归的"，是右倾保守派和消极平衡论者。④ 如此一来，每一次改造自然的活动都与思想、政治有着千丝万缕的联系，广大干部群众若想不犯政治错误、不站到人民的"对立面"上，则只有保持顺从和沉默。也正因如此，反对"开战自然"的声音就被压到了社会最底层，无从发声。

综上所述，"向自然界开战"的宣言已经表明处于"大跃进"时期的生态观发生了偏转，人与自然之间的关系走向了截然的对立。一分为二地来看，在当时特定的历史条件下，强调"人定胜天""向自然界开战"等固然有其肯定、激发人的主观能动性的一面，有其激励

① 姚桂荣：《"大跃进"运动的社会心理基础研究》，湘潭大学出版社 2013 年版，第 117 页。

② 贵阳师范学院中文系 1958 级、"山花"编辑部编：《贵州大跃进民歌选》，贵州人民出版社 1959 年版，第 38 页。

③ 贵阳师范学院中文系 1958 级、"山花"编辑部编：《贵州大跃进民歌选》，贵州人民出版社 1959 年版，第 91 页。

④ 陶铸：《驳"粮食增产有限论"》，《红旗》1958 年第 5 期。

群众、促进社会主义建设的一面，然而更有其有失偏颇的一面。其偏颇之处在于，这些论断过于强调人和自然的对立乃至斗争，强调人对自然的征服和改造，对于人与自然之间本该具有的统一、平衡关系则视而不见。这直接导致在后来开展的生产建设活动中刻意忽视、歪曲自然规律情况的发生。这一点在即将呈现的工农业"大跃进"生产建设中清晰可见。

二　工业"大跃进"中的森林砍伐

"大跃进"时期的社会主义建设强调优先发展重工业，尤其是钢铁工业。起初，国家在南宁会议、成都会议上屡次强调钢铁生产量"赶英超美"，此后，钢铁生产行业首先提高了生产计划指标，掀起了"跃进"热潮。之后，在1958年8月中央政治局召开的北戴河扩大会议上，钢产量指标被提升到了1070万吨，并进一步强调"以钢为纲，带动一切""让钢铁工业先行""大搞土法炼钢"等。自此以后，全国上下开始发动群众，通过土洋并举的方式，大搞"小、土、群"运动战式的大炼钢铁运动。贵州省紧跟国家步伐，对于钢铁生产的要求不断提高。1958年6月召开的省委常委会议上首先提出发动土法炼钢运动的任务。7月，贵州省委和黔东南州委分别召开会议，将钢铁生产的指标下发到地方各县各区。9月召开的一届七次全委扩大会议上又提出了产钢8万吨、铁60万吨的任务，并要求一切为钢铁生产让路，确保"钢铁元帅升帐"。到了10月，贵州省委、省政府又提出了在20日内放万吨"钢铁卫星"的要求。

在省委、州委的号召和要求下，雷山县于1958年下半年掀起了全民"大炼钢铁"的高潮。一座座"土高炉"首先竖起，为"大炼钢铁"做好设备准备工作。在雷山县委大办钢铁办公室的指导下，全县范围内共成立了6个铜矿厂、2个铁矿厂，筑起了33座"土高炉"。其中，公统铜矿厂筑土高炉9座；乌江铜矿厂筑土高炉3座；

独南铜矿厂筑土高炉 6 座；望丰铜矿厂筑土高炉 1 座；固鲁铜矿厂筑土高炉 5 座；雷山中学铜矿厂筑土高炉 1 座。铁矿厂有郎德铁矿厂筑土高炉 2 座；大塘铁矿厂筑土高炉 6 座。至 10 月份，在大放万吨"钢铁卫星"的刺激下，雷山县又新建土高炉 20 座、油桶炉 10 个、锅炉 5 个、土小高炉 12 座。[1]

炼铁需要两个基本的条件，一是燃料焦炭；二是原料铁矿石。而在当时的雷山县，这两样原料都十分缺乏，于是县委只能组织群众寻找替代物。铁矿石的替代物多是一些废旧钢铁，既有工业行业的完好品、半成品，也有家用的旧钢、铁、铜器具。在政治压力下，废钢铁的收购数量是十分惊人的，仅 1958 年一年的收购总数就达到了 118.65 吨，而此前的年均废钢铁收购量最多不超过 10 吨。[2] 据虎河村村民回忆，当时各家各户上交废钢的场面十分壮观。

> 那时候我们这里没有多少铁啊，怎么办呢，（县里）就要求我们捐铁。说是捐，其实就是必须要交的，要"以钢为纲"。家里的铁锅、铁盆、菜刀，门窗上面有铁的框框，只要有带铁的、带铜的，一律都要交。那时候说吃饭在食堂嘛，家里也不用这些锅子。没有人敢不交的，县里有炼铁任务，说这是政治要求。一堆堆一个小车子，就给我们（的铁器具）都拖走了。（2015 年 10 月，虎河村原支书杨忠访谈）

至于燃料，则砍下树木制成木炭来代替焦炭。这一点，早在黔东南州委下发炼钢任务时就有相关明确指示，强调"为了完成钢铁生产

---

[1] 贵州省雷山县志编纂委员会编：《雷山县志》，贵州人民出版社 1983 年版，第 460 页。
[2] 贵州省雷山县志编纂委员会编：《雷山县志》，贵州人民出版社 1983 年版，第 577 页。

任务，可以抽调更多人力，可以砍光一些柴山"。① 雷山县并不出产煤矿，更不用提炼钢所需的专业焦炭。于是县委下发指示，发动群众砍伐树木、炼烧木炭 7 万余公斤，以解决"发射钢铁卫星"燃料的问题。如此一来，无论是天然林还是人工林，防护林还是经济林，乃至村前宅后、路旁、河旁散生的花木、苗木，甚至一些水源林、风景林都遭到了大肆砍伐。当时的虎河村、固村一带流行这样的跃进歌谣："巴拉河畔好青椆，棵棵粗大像水缸。苗家砍来烧成炭，一棵青椆一炉钢"②。由此可以想见当时众人伐木的情形。谈到那时候大规模砍伐林木的事情，虎河村中的一些老人至今还心有余悸。

　　解放后，大集体 1958 年搞"大跃进"，我们都在固村那边的土高炉上的炼钢。白天上山砍树，天天砍天天砍，都没有多少树子了。但那个是集体命令，不砍不行。砍来专门烧火烧炭，有些砍了晚上还要运到城里其他地方之类的。你现在看到的我们现在村寨头上那些大树（风水树），当时我们自己村的人不敢砍，说是怕遭报应，干部就去找外面的人来砍。现在留下来的那些也是有寨子里的人拼命护下来的，其实也已经砍去好多了。我们心里都怕得很，后来干部也是有点不敢动了，才又组织去别的地方砍了。（2015 年 10 月，虎河村村民文昌福访谈）

　　大炼钢铁的时候我烧过木炭。那时候木头到处都砍，凡是大点儿的树都砍光了。男女老少的，白天上山砍树，晚上烧窑烧炭，烧好了就送到小高炉那里。现在想想，农民怎么能炼出钢呢？但那时候就是相信了。农民不种田了，老师学生也不上课了，工人不上班

_____

① 《中国共产党锦屏县历史》编纂领导小组编：《中国共产党锦屏县历史》第 1 卷，中共党史出版社 2014 年版，第 140 页。

② 贵阳师范学院中文系 1958 级、"山花"编辑部编：《贵州大跃进民歌选》，贵州人民出版社 1959 年版，第 70 页。

了，政府机关那些工作人员也去炼钢，工农商学兵一起，炼铁炼钢搞工业。（2015 年 10 月，虎河村村民余秀花访谈）

为了更好地支援国家经济建设，保证"钢铁卫星"的顺利放出，木材生产的"跃进"也随之而来。1958 年下半年，雷山县组建成立了"林业野战团"，专门负责木材生产。这一"野战团"在各个村寨招募了临时性伐木工 1100 多人，按照部队编制，下设林木砍伐连，配连长、指导员。连以下设排，每连大概有 150 多人。采伐连除了在县域驻地范围内砍伐以外，还流动到与其他县相接的地带进行砍伐。虎河村村民李国元的表哥文学金就是砍伐连的工人之一，他回忆并描述了当时的采伐情形。

当时正在大炼钢的时候，国家也有相应的木材收购任务，要求我们支援生产建设。1958 年下半年开始吧，我们这个连就成立了，就到山上去砍树。那时候一些深山老林的地方路不好，山陡得很，砍了树很多时候都要人来抬、肩上扛，到有滑道的地方了再滑到山下，运送出去。然后统一集中到郎寨那里，那里有个很大的贮木场。你看我们村现在前面那条河，水还是很猛，当时就在那里放木排。就是把这些圆条扎成 5 方左右的木排，顺着河水放到县外、省外去。当时还为运木材专门炸开过几段弯道。但是当时放出去的木头比砍下来的要少得多，有好多该砍的、不该砍的全砍了，但是运又来不及运，好多木头都烂在山里了。（2015 年 10 月，虎河村村民文金学访谈）

雷山县政协现存的内部资料中也提到了当时乱砍滥伐的情形。

为大放木材"卫星"……1958 年下半年至 1959 年下半年，共砍伐 19 万多立方米木材，造成过量采伐，有三分之一的木材在深山老林运不出来，烂在山上，造成很大损失。[1]

轰轰烈烈的炼钢运动并没有收到预期中的效果。雷山全县人民耗费了巨大的人力、物力、财力，却只炼出了 1.2 吨生铁和 456 公斤冰铜，冰铜中还有占比 30% 的粗铜。[2] 但是炼钢运动对于森林的破坏力却是极为严重的。经此大炼钢铁的运动战，虎河村的森林已经被砍得"七七八八"，原先能够遮天蔽日的密林已经变得稀稀拉拉。可以说，这是虎河村有史以来森林破坏最为严重的一次。

三　农业"大跃进"中的盲目深耕

在虎河村工业"跃进"进行的同时，农业生产"跃进"也在进行之中。由于"左"倾错误的影响，"浮夸风""高指标"等不良风气弥漫。在此风气下，地方政府一味追求粮食产量指标，违背了客观的农业生产规律，导致盲目深耕土地，使得村庄生态遭受了又一重冲击。

一直以来，国家为实现粮食高产、改变农业落后面貌倾注了极大的心血。到了"大跃进"运动前后，重视农业生产和粮食问题更是蕴含了以农业的"大跃进"促进工业，特别是钢铁工业"大跃进"的现实考虑。[3] 在这一时期，农业生产提出了"以粮为纲"的口号，要求五年、三年甚至一两年达到十二年农业发展纲要规定的粮食生产总量指标的奋斗目标。[4] 由于"左"倾错误的影响，在实际的政策执行过程中，"以粮为纲"演变成单纯、片面地追求粮食产量，从中央到

---

[1]　政协雷山县文史资料委员会编：《雷山县文史资料选辑》（第 1 辑），内部资料性出版物 1989 年版，第 88 页。

[2]　贵州省雷山县志编纂委员会编：《雷山县志》，贵州人民出版社 1983 年版，第 460 页。

[3]　邹华斌：《毛泽东与"以粮为纲"方针的提出及其作用》，《党史研究与教学》2010 年第 6 期。

[4]　胡绳编：《中国共产党的七十年》，中共党史出版社 1991 年版，第 364 页。

地方的各级粮食生产计划、产量指标都出现了层层加码的现象，亩产千斤、万斤的口号不断提出。在此过程中，河南省长葛县基于曾经的深翻土地增产经验，提出"千年老地大翻身，争取亩产1500斤"的口号，再度掀起深翻改土的热潮。① 这一经验被国家视为群众"发明创造"的典型，并在中共八大二次会议以后得到推广，全国上下立即掀起了深翻和改良土壤的运动。此后召开的全国深耕农具和改良土壤现场会提出了深耕土地的目标和要求，即争取到1959年春，将全国16亿亩耕地普遍深耕一遍，深耕达到一尺半上下，丰产田要达到二三尺以上。②

按照国家的要求，贵州省委在"三秋"（秋收、秋耕、秋种）之际下达了新的生产指标，要求1959年全省粮食要达到250亿公斤到350亿公斤。同时提出了"少种、高产、多收"的方针，要求各地停止扩大种植面积，依靠密植、深耕等农业"技术革新"③ 来提高单位面积产量。在雷山县，县委明确规定，各区社秋耕必须深翻三尺、施肥一吨，必须达到亩产千斤。各片区都派驻了县、区领导担任指挥长，深耕"大兵团作战"就此轰轰烈烈地展开。

客观地说，适度深耕土地有一定的科学道理，确实有助于粮食增产。然而在当时的"跃进"风潮之下，土壤耕深的程度被夸大为"越深越好"，以至于达到三尺、五尺的程度。对于虎河村这样的山地耕作区来说，梯田挖到一两尺就会见到黄泥底和青石板，若按要求挖到三尺，就意味着挖穿了田底。对此，虎河村村民普遍持有怀疑态度。但在当时的政治高压下，领导干部和群众若有怀疑的动向，就会

---

① 朱显灵、丁兆君、胡化凯：《"大跃进"期间的深耕土地运动》，《当代中国史研究》2011年第2期。

② 贾艳敏：《"大跃进"时期的深翻土地运动述评》，《河南师范大学学报》（哲学社会科学版）2003年第5期。

③ 《中国共产党锦屏县历史》编纂领导小组编：《中国共产党锦屏县历史》第1卷，中共党史出版社2014年版，第136页。

被"拔白旗、插红旗",遭到撤职、批判等不公正的待遇。对此,虎河村民只好是"干也得干,不干也得干"。

据村民回忆,当时的深耕分两步进行,每一步都给山地农耕生态造成了极大的危害。第一步是挖田,必须挖够三尺,田底因此被凿穿。

"大跃进"的时候搞深耕,上面说那个田只有一点点深,就说泥巴不肥,不利于粮食生产,要挖深一点,挖一米两米之类的。正常的田怎么能挖一两米呢!总共深度都不到一两米。这个害处太大了。田里的肥泥都挖出去了,田底也挖穿了,再往下挖就是砌的石块了。还不算完,一定要用锤子啊、铁钎子之类的再往下挖,非要挖到三尺不行。(2015 年 10 月,虎河村原支书杨忠访谈)

我们山地耕田,拖拉机肯定是不行的,再说那个年代我们这里还没有拖拉机。我们就是用人和牛耕田。但是老办法耕田达不到那么深,就学剑河(县)那边改出深耕犁、鸡嘴犁,用一犁一套的办法耕。先普通耕一遍,再用单铧犁套耕一次,耕的那个程度就会加深。这样还是达不到要求,就把犁出来的田土堆到一边去,再去耕下层的田土,一层一层耕下去。有时候来不及就组织大家跟挖战壕一样人工去挖。公统(区)那边有的(人)说还用炸药炸的。这样出来的深度一般都能到 2 尺、3 尺。(2015 年 10 月,虎河村原村主任杨文访谈)

第二步是重新填平田底,人工再造出一块田来。为填满三尺深的田,村民只好另寻草皮、黄泥、河泥来填田,进一步造成其他生态环节的损伤。

田挖好了，坐不住水啊，那底下是漏的嘞。但还要种粮食啊，没办法就只好再来平田底。去别的坡坡上挖草皮，还有我们寨子下面那条河，去捞河泥。三尺的田，灌了水泡了田，牛都犁不动，只好人进去再耙一遍。但田底还是漏的，坐不住水，都是社员白白干活，根本种不出米来，田也保不住。（2016 年 10 月，虎河村村民文学金访谈）

村民夜以继日地辛苦深耕并没有换来预期中的粮食丰产，反而因盲目蛮干、违背客观规律而破坏了土壤原本的耕层结构，损伤了梯田生态，影响了作物的生长，降低了粮食的产量。

总的来看，工农业生产"大跃进"的初衷是为了改变中国贫穷落后的面貌，达到国强、民强的目的。应当承认，这一认识在当时的局势之下是十分有必要的。然而激进的、带有狂热化色彩的实践忽视了客观经济规律，更是违背了客观自然规律。其中所展示出的"人定胜天""向自然界开战"意识实际上显露出一种单向度的人类利益视角。这种没有与"生产的自然条件"[①]相结合的实践只会对生产力发展起到负面的作用。正因如此，炼钢运动不仅没有带来工业发展，反而造成了森林资源的巨大损失；深耕运动不仅没有提高粮食产量，反而对农业生产环境造成了损害。此般种种，不仅消耗、浪费了珍贵的自然资源，而且留下了严重的生态破坏"后遗症"。

四　生态破坏的后果

"大跃进"时期激进的意识形态狂潮过后，"向自然开战"的后果开始显现。据记载，这一时期全国大部分地区的生态状况都趋于恶化，森林锐减、草原沙化、水土流失等状况屡屡发生。在黔东南州，

---

① 《马克思恩格斯全集》（第 23 卷），人民出版社 2016 年版，第 560 页。

森林破坏最为显著。1949 年时，全州有林地面积 120 万公顷，森林覆盖率达到 56%，活立木蓄积量约 1 亿立方米。但到了 1960 年时，全州林地面积下降至 105.7 万公顷，森林覆盖率下降至 51%，活立木蓄积量减少了 1000 多万立方米。[①] 而在虎河村这样的山区，由于森林砍伐、土壤破坏等造成的梯田生态系统紊乱、生物多样性减少、水土流失等的危害比河坝、平原地区更要严重一些。

首先，由于森林过度砍伐，"山变秃"是村民当时最为直观的感受，"水变枯""水失调""水灾多"则是村民在后来的生产生活中深有感触的。虎河村背靠欧尾山，坐落在半山腰，除了寨脚处的河谷坝区，其余地方几乎没有什么山间平地，村民的生计都寄托在山间梯田之中。而高山处的茂密森林，以及山间岭地生长着的芭茅草地，对于梯田的水土保持又起着至关重要的作用。"大跃进"期间对于森林和梯田的损毁本身已构成严重的生态破坏，三年困难时期村民为延续生命而不得不毁林毁草开荒，进一步加速了生态恶化。

> "大跃进"一搞过来，老百姓是没得吃了。当时又正赶上三年困难时期，天灾人祸的，只得把山上的树子砍了来种小米，也少种一点高粱、小麦。那时候人饿饭，没有力气砍树子的时候就放火去烧地，就好像又回到我们老祖宗那种刀耕火种的感觉。烧田坎、烧林子、烧灰积肥，为了生存也是没有办法。你想这么反过来复过去地破坏，那山坡坡上还能不秃吗？（2015 年 10 月，虎河村村民杨林春访谈）

当森林受到损毁后，其蓄水保土的功能也严重受损，村民明显感

---

① 黔东南苗族侗族自治州林业局编：《黔东南苗族侗族自治州林业志》，中国林业出版社 2012 年版，第 21 页。

觉到梯田水循环的失灵。尤其在三年困难时期，当村庄遭遇旱灾与水灾的双重夹击之时，这种感觉尤为明显。

原先我们寨子上的树子长得很猛的，把天遮起来，又密又黑。那些芭茅草，除了田坎上的要割一些、做绿肥要割一些以外，山里的我们也不去管它，牛会去吃，它（草）还会自己再发出来。这样有树有草，那个土啊沙啊就少。山养树，树留水，有水才能灌田。你看我们这就山顶上一个吃水的水塘，到现在也没有自来水，那灌田的水很大一部分都要靠树来存。老人说的话嘛，有树的地方你不用去管它，自然会有水啊。"大跃进"的时候树桩桩都恨不得挖出来烧了，三年困难的时候又到处开小米土，都没有多少有树子的地方了，秃秃的。哪有树给你积水了？一干旱的时候就完了。水变小都是好的，直接断水的时候都很多。（2015年10月，虎河村村民杨昌福访谈）

三年困难时期，我们这里在闹干旱，到了1962年，接着又发了大水。虽然我们这以前也会发大水，但是从来没说有那么严重的。以前有树啊，下大雨的时候不会直着就冲下山来，林子给挡住一部分，至少也能缓缓那个冲劲儿。有树有草的，它（指的大雨）往山下带的土也要少。但是1962年那次大水可不一样。那次是插秧刚结束吧，就下起大雨，一天也没停，第二天就开始发水。我们这个山上啊，瀑布你见过吧？就像那个瀑布往下流，只不过是黄颜色的。我们寨子上一些陡的地方、老的房子都给冲塌了。幸亏发水的时候是白天，人还机灵些，跑得快，没伤到命。（2015年10月，虎河村原村支书杨德访谈）

其次，生物多样性明显降低。虎河村的名称中之所以有"虎"和"河"两个字，皆是因为村寨背靠的山林经常有老虎出没，而村寨正

面又有一条小河流经的缘故。但据村民回忆，最后一次在山中见到老
虎，就是在 1958 年森林砍伐之前。此后，老虎的身影就消失无踪了。
除了老虎以外，由于茂密森林的庇护，虎河村其他野生动植物的种类
也相当多。村民在日常农忙的闲暇之际，偶尔还可以采摘野菜菌子、
打食野物来改善生活。而随着森林的砍伐，野生动植物的种类明显减
少，这种状况直至今日仍未完全恢复。

> 以前我们这的山上不只有老虎，狐狸啊、野猪啊、野鸡啊，什
> 么都有的。白天我们要到林子里去的时候，都要多喊几个人一起。
> 一到了晚上，妇女和小孩子都不太敢上山。老虎、野猪之类的会伤
> 人。晚上睡觉的时候，屋里也要备着一些工具，有时候老虎一类的
> 会下来咬牲口。那些野鸡啊、野兔子的，也会打来吃，这种情况不
> 太多，一般不去管它们。会挖一些野菜还有草药，野生的天麻、折
> 耳根都有。后来砍了树了，树子都稀得很，哪还能藏住野物。最后
> 一次见老虎就是在 1958 年，之后再也没有了。现在恢复起来了，
> 还有些野鸡、野兔子，狐狸啊、野猪啊，是很少很少见到的了，几
> 乎没有的。(2016 年 11 月，虎河村村民余永芳访谈)

1949 年以后至改革开放前的三十年间，中国社会步入了集体化之路。
身处社会发展的洪流之中，虎河村也从自生自长的村落转变为了国家社
会主义建设之中的一个单元，生产生活的各个方面都发生了显著变化。
尤其在激进的集体化实践当中，卷入"大跃进"热潮的虎河村"战天斗
地"、"大炼钢铁"、盲目"深耕"，造成了自然生态的严重破坏。

这一时期的社会实践充分表明，"自然"在两个层面上退出了人
们的意识。首先是退出了国家的主流意识。这一时期国家的主流意识
是建设、革命，是"多快好省""赶英超美""重工业优先发展"，还
是"跑步进入共产主义"。这一连串的主流话语中蕴藏着过强的民族

悲情意识、急于摆脱积贫积弱局面的强烈愿望以及好面子、不甘落后、攀比竞争的浮躁心理，而这些心理、意识其实是构成中国人社会文化心理深处"次生焦虑"的关键因素。所谓的"次生焦虑"，区别于如"不孝有三，无后为大"的中国人"断后"的"原生"心理焦虑，也区别于如韦伯笔下的新教徒以世俗性成就来判定是否获得上帝认可时的"原生"心理焦虑，[①] 本来不在其文化中根深蒂固，而是迫于外部压力、在追赶现代化过程中而产生的心理焦虑。因此，当政治经济制度、生产力和生产关系状况、国内国际环境等客观社会存在构成压力之时，这种社会性焦虑就会以普遍和弥漫的态势持久地占据上风。作为典型代表的"大跃进"运动中，这种"次生焦虑"可见一斑。"人定胜天""战天斗地"的狂热心理正是为追赶、为"跃进"而产生的焦虑情绪的外露。在这种心理面前，一切人类活动的外在限制或阻碍必然遭到贬低和征服，那么人类对自然的肆意改造、对自然规律的主观忽视也就顺理成章了。

其次是自然在乡村社会层面、在村民意识中的退出。农耕时代长久的文化积淀使得民间自发的生态意识转变成了一种无意识或潜意识，成为农民不易觉察或者不能清楚地觉察到的意识。但正是这种潜在的意识成为支持其行动的深层文化结构。这种无意识或潜意识会在适当的机会再度活跃，重新上升至意识层面，成为农民自觉建构的意识。但在集体化时期的乡村社会中，在对待自然生态的问题上，国家主流意识与地方潜在意识相悖。而主流意识依附于严密有力的政治上层建筑，注定具有极强的压制性，地方潜在意识不仅根本通不过主流意识的"过滤"，而且还会在主流意识的不断压制下继续"隐形"，即使不从民众的心理深处退出，也至少呈现出表面上的退出。

---

① 陈阿江：《次生焦虑：太湖流域水污染的社会解读》，中国社会科学出版社 2010 年版，第 186 页。

第五章　去集体化与"私林悲剧"

1978 年，十一届三中全会的召开正式开启了我国改革开放新的历史进程。这场伟大的改革首先发轫于农村，家庭联产承包责任制的实行迈出了改革的第一步。伴随着经济改革的逐步深入，人民公社的制度，在逐步进行的"政社分设"改革中悄然退场。虎河村与全国大部分村庄类似，经历着上述变革的洗礼。然而由于政治领域的改革迟滞于经济领域的改革，旧的规范秩序几近瓦解、新的控制机制尚未形成，村庄社会陷入了失范的困境。在村庄社会秩序发生变动的同时，生态秩序也随之发生波动。延续耕地承包思路进行的林地均分到户的实践不仅没有收获预期的成效，反而出现了乱砍滥伐、偷砍盗伐等破坏森林的现象，给村庄生态与社会生活带来了严重破坏。

第一节　乡村社会的去集体化

改革开放的历史进程首先发轫于乡村社会，而乡村社会的变革又在经济和政治领域体现着鲜明的去集体化特征。在经济领域，以家庭联产承包责任制为核心的农业经营方式取代了原有的集体经营方式，同时，市场力量的日渐导入又使得农民获得了农业外的就业机会，进一步拓宽了农民的经济自由。在政治领域，全能型的人民公社体制崩塌，国家再度直面分散的农户。直至村民自治模式建立，乡村政治秩序才开始重建并日益走向民主化。

一 从"大锅饭"到"大包干"

1978 年底，安徽凤阳小岗村村民秘密签订保证书、按下红手印，冒险将全村生产资料和国家下达的生产任务"包产到户"，开启了全国农村改革之路。与此同时，安徽省肥西县、滁县等地也以"借地"的名义将土地包给农民分组或分户耕种，以应对当时的大旱危机。四川、贵州、甘肃、内蒙古等地也有不少生产队搞起了包产到组。[①] 至 1979 年秋天，包产到户地方实践的成果很快显现。小岗村在一年内收获的粮食总量相当于过去五年的总和，收获的油料数量相当于过去二十年的总和，家庭副业也得到极大发展，在顺利完成国家生产任务的同时，社员人均分得 200 元的分红。仅一年的时间，小岗村就从原来的"讨饭村"一跃成为"拔尖村"。[②] 前文提到的肥西县山南区"借地"包产到户后，农民一改往日"磨洋工"的态度，生产积极性和合作性空前提高，不仅顺利渡过了春旱，而且获得了粮食空前的大丰收。

尽管包产到户的成效立竿见影，其推广进程却颇为曲折。在党的十一届三中全会上，原则上通过了《中共中央关于加快农业发展若干问题的决定（草案）》和《农村人民公社工作条例（试行草案）》，尽管仍然明确禁止分田到户，但也肯定了在公社体制内进行"包工到组""联产计酬"的管理方式，并允许某些有"副业生产特殊需要"以及"边远山区、交通不便"的地区可以实行包产到户。这为日后农村土地制度改革埋下了伏笔。但受长达二十多年的"左"倾错误路线

---

① 陈吉元、陈家骥、杨勋编：《中国农村社会经济变迁（1949—1989）》，山西经济出版社 1993 年版，第 482 页。

② 陈吉元、陈家骥、杨勋编：《中国农村社会经济变迁（1949—1989）》，山西经济出版社 1993 年版，第 485 页。

引导，许多干部的意识和态度不可能在一朝一夕之间改变，部分持保守态度的领导干部仍然坚决反对包产到户的举措，认为是要搞"资本主义复辟"。于是在1979年至1980年春季，党内关于农村是否实行"大包干"的讨论进入了最激烈的阶段。随着党内控制权的逐渐稳固，①这场争论到了1980年9月出现了转折，即在中共中央第75号文件中初步但正式地对包产到户作出了肯定。②此后，包产到户的改革在中国乡村迅速推进，至1980年底，全国推行联产责任制的生产队比重已占到51.8%，③到1981年底这一比例则上升到90%以上。④1982年初，中共中央将《全国农村工作会议纪要》作为新年伊始的一号文件向全国发布，首次以具有合法性的中央文件的形式肯定了"联产计酬、包产到户、包干到户"是社会主义集体经济的生产责任制，是"社会主义集体经济的组成部分"。⑤至此，农村家庭联产承包责任制获得了政治意义上的最终肯定。至1983年底，全国农村进行包产、包干的比重已经达到95%以上。⑥

尽管许多文献中将中国乡村家庭承包经营制的改革视为自下而上的突破，然而上述不惜笔墨加以细数的政策推进过程表明，中国乡村经济变革仍然在自下而上的突破后体现出渐进的、自上而下的特点。⑦

---

① 李怀印：《乡村中国纪事：集体化和改革的微观历程》，法律出版社2010年版，第237页。

② 陈吉元、陈家骥、杨勋编：《中国农村社会经济变迁（1949—1989）》，山西经济出版社1993年版，第494页。

③ 李文：《中国土地制度的昨天、今天和明天》，延边大学出版社1997年版，第115—116页。

④ 李怀印：《乡村中国纪事：集体化和改革的微观历程》，法律出版社2010年版，第237页。

⑤ 张银峰：《村庄权威与集体制度的延续：明星村个案研究》，社会科学文献出版社2013年版，第129页。

⑥ 陈吉元、陈家骥、杨勋编：《中国农村社会经济变迁（1949—1989）》，山西经济出版社1993年版，第500页。

⑦ 张银峰：《村庄权威与集体制度的延续：明星村个案研究》，社会科学文献出版社2013年版，第128页。

在此，笔者无意否认小岗村改革的传奇历史，并且承认其确实开启了中国农村的改革之门。然而至少仅就本书所研究的虎河村来看，村庄经济改革实际是缘于自上而下的行政推进的结果。

1980 年 7 月，中共贵州省委发出《关于放宽农业政策的指示》，承认和支持了包产到户的责任制。指示指出，"居住分散、生产落后、生活贫困的生产队"允许包产到户，以及"少数经营管理水平极低、集体经济长期搞不好、实行包产也有困难的生产队"允许实行包干到户。[①] 按照这一精神的指示，雷山县于 1980 年 9 月开始在全县推广以包干到户为主要形式的生产责任制。1981 年，州、县、区三级进一步派驻干部深入村庄贯彻中共中央一号文件（1982），进一步稳定和完善农业生产责任制。至 1983 年春，全县全部生产队均落实了家庭承包责任制。

在此自上而下的层级推进中，虎河村于 1981 年初顺利完成了包干到户的改革。当时由县委干部和村干部组成工作小组，首先清点田产。所有田地均按照产量高低分为三个等级，村民通过抓阄的方式决定自己所分得的田地。为了公平起见，每家每户分到的田土尽量按照"远搭近、好搭坏"方式进行搭配。如若有村民对分到的土地好坏、位置等有异议、想要调换，则在其想要调换的对象同意的前提下可以私下进行。经此改革，村民人均分得田地约一亩。尽管在当时，土地所有权在根本上仍然归集体所有，但土地的经营权、使用权已经从集体中剥离出来，流动到了农民手中。这对于调动农民的生产积极性、促进农业和农村发展具有至关重要的作用。在虎河村，这种变化是相当明显的。

其一，村民获得了极大的农业生产自由，经济主体的地位开始确立。家庭承包经营与集体经营最大的不同在于农民获得了生产经营自主权。在集体时期，农业生产的各个环节都由集体统一安排。每块田

---

① 贵州省雷山县志编纂委员会编：《雷山县志》，贵州人民出版社 1983 年版，第 315 页。

地种什么、什么时间种、哪些人负责哪些环节、收益如何分配等等，都由政府根据国家计划来决定，农民没有选择的权利。也正因如此，虎河村出现了村民"出门一条龙，收工一窝蜂。鸭子翻田坎，出勤不出力"的"大呼隆"现象。而在包干到户以后，上述情况发生了根本性的改变。在农业生产计划、田间管理等方面，都由分散的家户自主决定。尽管这一时期国家仍然在宏观上进行着农业生产指导和调控，但已不再直面各家各户，更不再强制农户执行生产计划。于是在虎河村，各家各户不仅自由支配土地、劳动力、资金等生产资料，依据传统习惯、生产生活需要等自愿进行农业生产，而且根据实际需要重新组织了换工、帮工的合作生产。至于所获产品和收益，只要"交足国家的，留够集体的，剩下的都是自己的"，村民拥有了极大的产品交换、分配和消费自由。正因如此，虎河村民一改往日"干多干少都一样"的作风，生产热情空前高涨。到 1981 年秋收之时，虎河村获得粮食大丰收，村庄内到处洋溢着喜庆的气氛。

其二，村庄经济活动多样化，村民开始探索农业外的就业机会。家庭承包制的实行不仅赋予农民自由进行农业生产的权利，更重要的是使农民进行非农业生产成为可能。这种可能又是以农业劳动力剩余为前提的。在集体化时期，"大呼隆"式的作风使得村庄看上去"家家都空""人人都忙"，但实际上，农村劳动力的剩余被不充分的生产劳动掩盖起来。在土地下户以后，农民劳动积极性显著提高，再加上新的农耕技术的推广使用等，促成了农业生产效率的提升。在这种情况下，村内劳作再不复"大兵团作战"的场景。[1] 如此一来，原来被"大呼隆"生产所遮蔽的劳动力剩余问题开始浮出水面，变得表面化、突出化，特别是在雷山县这种"九山半水半分田"的耕地稀少地

---

[1]　张银峰：《村庄权威与集体制度的延续：明星村个案研究》，社会科学文献出版社 2013 年版，第 109 页。

区，问题显得更加严重一些。

在当时的情况下，雷山县农村剩余劳动力的消耗方式主要有两种。一种是县域、村域内的自我消耗。从集体的束缚中松脱出来以后，一些具有特殊优势、生产条件、资金等的农民充分发挥自身特长，开始向工副业转行，以赚取更多的收入。因此，一些银匠村、绣花村、陶器村、竹器村、采矿村等专业户、专业组和专业村开始出现。与此同时，一些专营建筑、运输、商业、旅游、饮食服务、修理等的专业户、专业村等也开始占据市场，发展成为乡镇企业。这些"专营"经济吸纳了不少当地的剩余劳动力。另一种方式则是异地消耗。1979 年元月，蛇口工业区的开发拉开了中国第二次工业化和城镇化的序幕。[①] 随后，深圳、珠海、汕头、厦门相继成立了经济特区，成为中国对外开放的"第一线"。在"国门"打开的同时，"城门"也有所松动。1984 年，中共中央一号文件明确指出，"各省、自治区、直辖市可选若干集镇进行试点，允许务工、经商、办服务业的农民自理口粮到集镇落户"。[②] 这一政策无疑为农民进城预留了一道"门缝"，许多敢闯敢干的农民正是靠着这道"门缝"挤进了城市的大门。

虎河村并没有什么特殊的资源禀赋，苗绣、银饰制作等技艺在当时也不成气候，于是村民选择了外出打工来赚取家用。村民文通金是当时第一批出村打工的村民之一。据他回忆，第一批村民走出村庄的时间是在 1984 年，主要是一些中青年村民。其中一部分村民选择在农闲时到镇上的建筑队、食品厂等就近就业，另一部分村民则走向了广州、深圳等城市，开始了异地打工生涯。

> 1984 年我们村已经有了第一批出去打工的了，我是其中一

①　盛明富：《中国农民工 40 年》，中国工人出版社 2018 年版，第 32 页。
②　盛明富：《中国农民工 40 年》，中国工人出版社 2018 年版，第 37 页。

个。我走得远，去的广州，我表哥他们去的深圳。还有一些不走那么远的，就在镇上干点活路。当时往城里走的人还很少，我那时还年轻，想着出去赚钱养小孩。我们这里穷，耕田只能保证不饿饭，又不像别的村那样手工艺、旅游啊都已经开始做起来了。我们出去的干的活都差不多，当建筑工的、保安的、扛水泥包的，还有些做鞋厂、玩具厂工人的，反正就是些体力活。我们又没有什么文化，不能做些好做的活路，就出力气。当时我们在外地的比本地的挣得多些。过年的时候回家，拿回去钱有的盖起房子，有的办起喜事，家里也都很高兴。转过年来开春的时候，又有多一些年轻人出来，帮帮带带嘛，就一起咯。到90年代以后了，大批的人都出来了，去的地方也开始多了。（2015年8月，虎河村村民文通金访谈）

应该说，80年代初中国农民"离土又离乡、进厂又进城"的现象因其数量少、流向不广而未引起人们的广泛关注。[1] 直至80年代中后期，尤其是80年代末90年代初之时，"民工潮"才开始成为社会中的显著现象。但对虎河村来说，从80年代初开始并发展的农业外就业浪潮对村庄经济社会发展具有十分重要的意义。在不具备农业规模化经营条件和乡镇企业发展禀赋的虎河村，单靠小农耕作，即使再精耕细作，其改变家户经济面貌的效果也不会过于显著。而在农业外就业成为可能之后，村民所从事的经济活动开始具备多样性，外出工作在当时也的确给村民带来了额外收入，由此，家户的经济面貌开始有了明显改变。更为重要的是，村庄内家户之间的收入差距开始显现，村民的经济观念、文化观念等也随之发生动摇，这一点我们将在后文的叙述中清晰得见。

---

[1]　盛明富：《中国农民工40年》，中国工人出版社2018年版，第24页。

二 从人民公社到乡政村治

经济基础决定上层建筑，这是一条亘古不变的真理。当经济子系统内发生变革时，必然要求政治子系统的变革与之相匹配，才能产生新的社会平衡。家庭承包责任制的确立极大地冲击了人民公社体制，可以说，包产到户兴起的同时也就标志着人民公社制度的终结。

伴随着家庭承包责任制的实行，人民公社制度的基石已经摇摇欲坠，部分地区的公社、生产队的功能开始萎缩，逐步陷于瘫痪或半瘫痪状态。在虎河村，这种情况表现得极其明显。在经济生产方面，各家各户自由选择、安排生产经营，公社原来执行的规划、指导、检查等各项功能失去了实际意义。村民不再指望工分，因为新土地政策的实行使他们了解，其劳动成果与劳作投入直接挂钩。因此村民的农业生产热情空前高涨，家家起早贪黑、精耕细作。如此一来，生产队干部再也不需要每日敲钟督促上工，也不需要统一派工，更不需要组织评工计分。在政治生活方面，政治思想教育在缺乏对社员经济资源控制的前提下失灵了，而阶级斗争也随着地主、富农的"摘帽"① 以及冤假错案的平反而退出了历史舞台。由此，原先为政治运动、思想教育而疲于奔命的生产队干部一时间显得无所适从。可以说，除了催粮催款、计划生育等任务，他们实际上需要管理的内容已经大大减少了。虎河村的情况并非个例，在全国大部分地区均普遍出现。由此可见，人民公社的大厦已经几近坍塌，国家面临着如何再度整合乡村社会的问题。

在人民公社制度几近崩塌的同时，发端于广西宜州地区农村的村民自治组织——村委会开始进入国家的视线，并最终得到国家法律认

---

① 张银峰：《村庄权威与集体制度的延续：明星村个案研究》，社会科学文献出版社2013年版，第126页。

可,乡政村治的时代由此开启。1982年,五届全国人大五次会议通过了《中华人民共和国宪法》,确定废除人民公社体制,规定乡、民族乡和镇是我国最基层的行政区域,至于村一级,则设立村民委员会,性质为基层群众性自治组织。1983年,中共中央发布一号文件《当前农村经济政策的若干问题》,特别强调实行政社分设,并依照宪法建立基层政权。同年10月,中共中央、国务院联合发布《关于实行政社分开建立乡政府的通知》,再次重申依照宪法规定实行政社分设、建设乡政府和实行村民自治,并要求这项工作在1984年底前完成。自此以后,全国各地开始分批、逐步地废除公社制度,恢复乡(镇)村建制。至1985年春,全国农村人民公社政社分开、建立乡政府的改革全部结束,标志着人民公社制度的正式终结。

雷山县废除公社制度、恢复乡村建制的工作开始于1984年6月。至同年10月,原有的25个人民公社全部撤销,改社为乡,改生产大队为村,改生产队为村民小组。部分乡镇升级为区级镇,保留原有的4个区公所。至此,雷山县人民公社体制改革全部完成,共计辖有2个区级镇、2个乡级镇、23个乡、149个村民委员会、1227个村民小组。

经此改革后,原来管辖虎河大队的东风公社被撤销,恢复其原有的固鲁乡建制以及乡政府政权。虎河大队也由此改建为虎河村民委员会,仍属于固鲁乡管辖范围。村庄原有的三个生产队改建为村民小组,村民自治的雏形架构搭建完成。之所以称其为雏形,原因在于此时的"村治"还并不具有实际性的意义。因为当时的雷山县,村委会干部基本是由大队干部转化而来的,或者是由乡镇政府直接任命的,并没有经过民主选举的程序。直到1987年《中华人民共和国村民委员会组织法(试行)》颁布以后,有关于村民委员会自治组织的职能、产生方式、工作方式等各项原则,以及村民会议的权力和组织形式等才有了具体而全面的规定,雷山各农村真正村民自治意义上的村

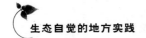

委会建设才广泛开展起来。

然而应当注意到，在这一场前所未有的改革中，虎河村政治领域的变革实际上是迟滞于经济领域变革的，因此在家庭承包制实行至乡政村治建立的这段时间内，虎河村实际上处于"权力真空"的状态。一方面，旧有的人民公社体制已经名存实亡。改革开放以后，家庭承包经营制度以星火燎原之势席卷全国。然而这一发生在经济领域内的改革的意义却远远超出经济领域，因为家庭承包制极大地消解了人民公社各级组织对农业生产、经营、分配等环节的高度集中控制，[1] 从根本上动摇了人民公社体制的经济基础，使其难以为继。因此在虎河村这种集体经济不发达、集体传统保持较差的地区，就出现了国家所观察到的"社队基层组织涣散，甚至陷入瘫痪、半瘫痪状态，致使许多事情无人负责，不良现象在滋长蔓延"[2] 的状况。

另一方面，新的村庄治理权威尚未树立。尽管国家早已意识到乡村基层管理混乱局面的存在，但真正在实质上对乡村政治实行全面改革和重建的工作直到 1983 年才开始。在此之前，党中央高层领导之间关于是否废除人民公社体制、是否选择民主之路的争论仍然十分激烈，公社基层干部对于人民公社存废问题的态度也不一致，导致乡村政治改革的方向迟迟难以明晰。直至 1982 年《中华人民共和国宪法》规定重建"乡政"、肯定村民委员会的合法地位，乡村政治全面改革工作才开始启动。而这一改革发生在虎河村的时间已经到了 1984 年的夏秋时节。至于村庄传统的寨老组织，由于在"文化大革命"期间备受打击，原有的寨老权威仍然心有余悸，抱着"不做不错"的态度小心行事，因此在这一时期，寨老组织也没有站出来维护社会秩序。

---

① 项继权：《集体经济背景下的乡村治理——南街、向高和方家泉村村治实证研究》，华中师范大学出版社 2002 年版，第 151—154 页。

② 中共中央文献研究室、国务院发展研究中心编：《新时期农业和农村工作重要文献选编》，中央文献出版社 1992 年版，第 114 页。

由此可见，自家庭承包经营制度实行至乡政村治建立的这段短暂时间内，虎河村实际上是分化有余、整合不足的。正因如此，虎河村陷入了社会失范的困境之中。

第二节　去集体化后的乡村社会失范

一般说来，关于乡村社会去集体化之后的历史书写普遍充满了解放感和喜悦感。的确，这是改革开放时代的主旋律。然而应当明确，相较于经济领域改革的先行，乡村政治领域的改革相对滞后，在此时间差内的乡村社会秩序出现了不同程度的分化。在以山西昔阳大寨村、河南新乡七里营公社刘庄等为代表的地区，集体传统保持较好或集体经济较为发达，村庄农业生产秩序和社会秩序都有条不紊、井然有序。在诸如浙北地区陈家场村、河南淇县泥河村等中间水平的生产队，集体传统仍旧能够勉力维持，虽然存在一定的松散现象，但仍然能够保证生产有序、社会安定。而在诸如安徽小岗村、广西宜州合寨村等集体经济不发达、集体传统难以维持的地区，社会秩序的崩塌则较为明显。尤其是在村民自治制度的发源地合寨村，由于人民公社体制名存实亡，村庄社会秩序陷入"赌博多、盗窃多、盗伐树林多、唱痞山歌多、放浪荡牛马多、搞封建迷信活动多、管事的人少"的"六多一少"失范状态。① 无独有偶，虎河村在这一时期也如合寨村一般，经历着社会"转型"与"失范"的短暂并存。村庄社会规范、村民社会行为及其价值观念出现了一定程度的失范，村民生活陷入了喜悦与彷徨的交错并存之中。

在此，有必要简单交代失范研究的脉络及其在本书中所蕴含的三

_____

① 王布衣：《震惊世界的广西农民——广西农民的创举与中国村民自治》，广西人民出版社 2008 年版，第 33 页。

重意义。失范（anomie）是社会学研究中的一个关键概念，最初由法国社会学家涂尔干引入社会学研究领域。他认为，失范是伴随着社会分工的过快增长以及社会结构的剧烈改组而来的，指的是旧的共同价值规范失去了在社会联系与社会协调中的作用，而新的道德规范又没有及时产生而引起的社会状态，① 表现为社会秩序的破坏、行为规范的失效以及社会出现病态征兆（例如自杀）。② 在涂尔干之后，失范研究曾沉寂了一段时间，直至 20 世纪美国学者默顿重拾这一理论并将之丰富③，建构起"失范—机会结构理论"。④ 在此之后，失范研究提供了一个广阔的研究平台，来自不同社会学理论流派的研究在此发生了激烈互动和碰撞。例如结构功能论者从社会结构解组过程中寻找失范的根源；符号互动论者从行为互动过程中解释失范的习得和扩散；常人方法论者从索引性入手，对失范的解释框定在特定行为情境中，认为局外人和局内人对失范有完全不同的解释；等等。⑤ 与此同时，失范也与全球化、区域化、文化理论等多视角的研究相关联，在不同的时代背景、区域背景中发挥其解释力。

我国的失范研究大多涉及较为具体的领域。例如，经济领域中对企业诚信、职业道德的研究；政治领域内对政府行为、腐败行为的研究；教育领域内对教师、学生等不同主体行为失范的研究；社会领域内对道德失范的研究；等等。而从理论高度以及理论与实践相结合的角度研究失范问题的莫过于渠敬东和朱力。其中，渠敬东的研究偏向于失范理论、意义、内涵的深刻考察，而朱力的研究则结合了失范理

---

① ［美］科瑟：《社会学思想名家：历史背景和社会背景下的思想》，石人译，中国社会科学出版社 1991 年版，第 146—169 页。

② 渠敬东：《缺席与断裂：有关失范的社会学研究》，商务印书馆 2017 年版，第 33 页。

③ 朱力：《变迁之痛：转型期的社会失范研究》，社会科学文献出版社 2006 年版，第 24 页。

④ Merton, R. K. and Merton, R. C., *Social Theory and Social Structure*, New York: The Free Press, 1968, p. 126.

⑤ 渠敬东：《缺席与断裂：有关失范的社会学研究》，商务印书馆 2017 年版，第 66 页。

论来考察中国社会转型期社会失范的特殊性及其矫治。对本书而言，朱力的研究最具启发性，其所指涉的社会失范概念不仅包括宏观层面社会规范、制度体系等的瓦解，也包括微观层面社会成员行为的偏离，而且包含有精神价值层面的迷失。据此，本书对处于社会转型期的虎河村的考察从规范解组、价值失范以及行为失范三个维度来进行，以此衡量和解释去集体化后的村庄社会失范。

一　规范解组

规范解组是社会失范最为直接和明显的表现。在改革开放之初，规范解组并非意味着规范体系的完全瓦解，或者社会生活没有规范可遵守。① 应该明确，在国家层面，十一届三中全会召开以后，集体化时期遭受破坏的法制建设重回正轨，公检法系统硬件建设恢复并进入常态，社会生活所需的法律法规也在逐步制定之中。但在社会层面，尤其在村庄社会层面，规范体系存在一定的混乱，执行规范的权威存在一定的缺位，这才是规范解组的真正含义。

在社会转型时期，虎河村社会规范实际上处于"青黄不接"的状态：一方面，旧有的规范已经极大弱化或尚未恢复；另一方面，新的社会规范尚未形成。集体化时期，尤其是人民公社成立以后，党和政府下发的"红头文件"、党政机关组织以及领导人的指示或讲话成为乡村社会的主要规范。而在改革开放以后，这些文件、指示不仅在数量上相对减少，在内容上也重点关注乡村经济改革，对乡村政治以及社会秩序维护的内容涉及较少。与此同时，在集体化时代被排斥、几乎遭受灭顶之灾的"榔约"规范在短时间内仍难恢复，再加上村民对"文化大革命"时期国家清理地方传统的记忆犹新，村民对制定新

---

① 朱力：《变迁之痛：转型期的社会失范研究》，社会科学文献出版社 2006 年版，第140 页。

"榔约"也持有一定的犹疑和观望态度。由此可见，在村庄去集体化转型之后，新旧规范的交替并不是顺畅和"无缝衔接"的，规范的疏漏和空隙就为失范行为的发生提供了土壤和机会。

二 价值理念失衡

一个社会运行的制度、规范必然在本质上包含着一定的价值理念。价值理念既是规范产生的依据与理由，也是人们需要规范的目的意义，[①] 因此失范也表现在价值理念层面的冲突和混乱。早在涂尔干提出并发展失范理论之时，失范就不仅仅表现在社会结构和规范层面，而且直接关涉集体意识。在社会相对稳定时，集体意识既能够引导个体的行为，也能够规范和约束个体的行动。但在社会剧烈变化之时，旧有集体意识的约束能力不断弱化，新的集体意识尚未形成，整个社会在价值层面就会陷入失范状态。实际上，集体意识或价值理念的失范从根本上反映出集体与个人之间在精神层面上的张力，在这里失范体现为社会成员共同价值理念的缺席，而并非是单独个体或少部分个体共同所有的价值理念。

在改革开放后的社会转型过程中，价值层面的失范并不是表现为价值"真空"、价值缺失，恰恰相反，体现的是新旧价值观念的冲突、碰撞和混沌。在虎河村，多元价值观念的碰撞在这一时期体现得尤为明显。

一是沉淀下来的传统意识与价值观念，例如顺应自然、贵和少争、平权平等理念等。众所周知，在集体化时期密集的思想教育、政治运动以及破旧立新的改造之下，传统意识和价值观念遭受了沉重打击，但仍未完全消失，或者说已经隐匿到村庄生活的背后和村民心理

---

① 朱力：《变迁之痛：转型期的社会失范研究》，社会科学文献出版社 2006 年版，第 120 页。

的深处，作为一种弱化了的文化背景存在着。正因如此，在改革开放之初的乡村社会，我们才能够看到一些地方传统风俗习惯、宗教信仰的恢复。但同样也因其力量的弱小，不足以与转型时期强大的主导价值理念相抗衡，才使得村民行为出现了一定程度的偏差。这一点，在后文将要论述的分林到户之后的林木砍伐问题上清晰可见。

二是集体时期的革命与政治信仰。社会主义革命时期，乡村社会的典型特征即为高度集中和泛政治化。国家政权对乡村社会的全面渗透和控制消弭了村民的个体观念和意识，以政治观念、集体主义为主导的革命意识统摄了乡村社会。尽管对虎河村来说，集体主义、革命信仰是外来的，甚至是强加的，但作为统摄了村庄近三十年的价值和意识形态，在改革开放之初就完全消失殆尽是不现实的。但无可否认的是，其控制强度大大弱化，辐射范围快速缩小，尤其在青年村民之中，绝对集体主义、革命主义的意识观念正在快速消融。

三是伴随着改革开放和社会转型而兴起的功利价值观、公平民主观、个人主义等多元价值观念。家庭联产承包制实行以后，农户由"集中"的状态复归到了"分散"的状态，其独立自主性显著提高。在重点发展经济，尤其是在发展市场经济的目标确立之后，个人利益至上的理念迅速膨胀，与传统文化意识、集体意识等争夺生存空间。再加上此时"国门"的打开，一些西方社会的价值观、意识和思潮也在冲击着人们的心灵。尤其对于年轻的村民来说，这种冲击要显得更加猛烈一些，这在他们对金钱、个性、时尚的狂热追求以及对传统权威、信仰、风俗习惯的淡漠以待的对比中清晰可见。

上述众多的价值理念相互激荡，却未有明确的、共同的价值理念，或者村民在选择共同价值时处于迷茫和不确定的状态，而这种状态对于村民个人行为选择又会产生极为不利的影响。

三 行为失范

行为失范是规范解组、价值失范的外在显现。人类行为是蕴含有一定目的与意义的，其中既蕴含着人类内在的价值理念，也体现着社会外在的规制约束状况。当行动者所具有的价值、意识、理念等无法清晰解释其所面对的社会情境，或者现有的价值理念与其所追求、认同的价值理念不相吻合，抑或外在规范无法、无力约束其行为之时，行为失范的情况就发生了。

在虎河村，行为失范主要发生在个人生活领域和社会治安领域，依据其情节的轻重，又表现在失德行为和违法违规行为两个层面。从失德行为来说，村民原有的节俭简朴、重义轻利、乐于奉献、知恩图报等道德品质出现弱化，赌博、拜金享乐、烟酒成瘾、不孝顺父母等的行为时有发生。例如村庄寨老李志回忆起改革开放之初的村民失德行为时叹息道：

> 改革开放以后，比起来大集体（时候），农民手里是有点粮、有点钱了。有些年轻人就学城里人讲究穿啊用啊，那是我们这一辈都是没有过的。学城里人穿得奇奇怪怪的，还学着抽烟喝酒、赌钱。钱是来得不容易，但是去得快得很。没钱了就管家里伸手要，天天是做着发财的梦，不考虑种田啊、做活路啊。（2015 年 8 月，虎河村寨老李志访谈）

再如村民之间因利益问题而频繁产生的田土矛盾纠纷：

> 分田以后那些田啊土的口角也多了。田分到了手，有的人家就是想办法多搞一点田，多开一点土，多占一些水。国家允许农民自己干了，收粮食的价钱上去了，多搞田土就是多搞钱啊。这样你多开了一点田越过我家的线了啊，你家山林边边动到我这边了啊，你搞农业生产占了我家水了啊，这种矛盾纠纷就多起来了，两家就拌嘴了。（2015 年 8 月，虎河村寨老李志访谈）

据笔者调查所知，传统时期虎河村这种田土矛盾纠纷不仅相对少见，解决起来也比较容易。不仅有寨老权威依据榔约从中调解，而且家家户户都要在每年伊始举行"打口嘴鬼"① 这样的仪式来警示自己谨言慎行、不轻易与人发生口角是非。而在改革开放初期的虎河村，金钱、利益似乎更加占据了上风，矛盾纠纷多起来的同时，村庄往日相对和谐、亲厚的邻里关系也似乎危机四伏。

从违法违规行为的发生层面来说，村民偷盗、抢劫等社会治安领域内的问题也时常发生。例如偷盗。一直以来，虎河村并没有出过大富大贵之家，村民生活水平基本上都差不多。再加上交通闭塞、信息闭塞等原因，村民对于外部世界的变化了解得相对较少，因此也没有哪个村民眼红别人的财富这一说。集体化时期的村庄尽管已经融入外部世界，但此时国家对村庄社会的管制又高度严密，村民个人行为几乎全部暴露在集体监控之下，因此偷盗财物的行为也相对较少。然而改革开放以后形势大为不同，不仅个人生活不再受控，村民接触外部世界的范围大为扩展，而且村民已经清晰地感知到了城乡、村庄、家户之间的贫富差距。在财物利益的刺激之下，加上缺少社会管制，一些偷盗行为就频繁发生起来。

改革开放以后，我们县里那些有手艺、有集体经济的专业村、专业户之类的，冒出来过万元户。我们村上呢？我当时还是村干部，一个月还拿工资，也只有 17 块钱，还要交 10 块钱给村里面，留给自己用的就 7 块钱。你说这个差距能不大吗？还有那些最早出去打工的人，见识了城市人的生活，也回来以后讲给村里人听，那对我们这种穷地方来说是蛮刺激的。寨子里就有些年

① "打口嘴鬼"是虎河村一种祈求无口嘴是非的仪式。其意义在于提醒人们谨言慎行，不要随便传口舌。每年正月初二以后的虎日或鸡日，主家准备花椒树树枝、桃树枝、白刺根、竹子四种材料，每样三根。另准备辣椒、公鸡、香纸和酒。由鬼师来执行相关仪式。

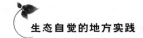

轻人嫉妒啊、眼红啊。有能耐搞定的，就出去赚钱，这是好的。没办法的、懒的，就想办法偷。偷鸡摸狗、偷鱼、偷木头，换钱买烟抽、买衣服穿。夜里偷，主人睡觉也不知道。（2015 年 10 月，虎河村原村主任杨文访谈）

综上所述，去集体化之后虎河村的社会失范状况一览无余。若说人民公社体制下的虎河村是分化阙如、整合过度的，那么自撤销人民公社向建立乡政村治体制过渡中的虎河村则是分化有余、整合不足的。一方面，原先强加于村庄社会外部的国家权力抽离过快，新的经济体制并未建立起相应的社会管理制度，国家与社会的联系出现"梗塞"。另一方面，原本内生于农村社会的权威组织、社会规范等在短时间内难以恢复原有的生命力。这种状态下的家户或许更接近于马克思所说的"马铃薯"，只不过是丢了袋子的"马铃薯"——被撤走了国家管束的"袋子"。再加上"新兴的市场经济、消费主义以及激进社会主义遗留下来的影响等种种因素"相互激荡，与传统观念争夺生存空间，中国农村"既没有传统又没有社会主义道德观"[1] 的局面颇令人担忧。

第三节　"私林"的悲剧

村庄社会秩序发生变动的同时，生态秩序也随之发生波动。延续耕地承包思路进行的林地均分到户的实践不仅没有收获预期的成效，反而出现了乱砍滥伐、偷砍盗伐等破坏森林的现象，给村庄生态与社会生活带来了严重破坏。为何耕地承包到户后的经营卓有成效，而林

---

　　① ［美］阎云翔：《私人生活的变革：一个中国村庄里的爱情、家庭与亲密关系》，龚晓夏译，上海书店出版社 2006 年版，第 260 页。

地均分后却事与愿违？出现"私林悲剧"① 的逻辑如何？

一 "私林悲剧"及其后果

家庭承包经营制度在种植业领域内的推行获得了巨大成功，受此启发，农村非种植领域也迅速采取了类似田地改革的思路，将承包责任制贯彻到林、木、副、渔等的权属改革中。对林地的改革开始于1981年。中共中央、国务院发布《关于保护森林发展林业若干问题的决定》，要求在全国范围内开展"稳定山林权、划定自留山、确定林业生产责任制"的林业"三定"工作。② 中共雷山县委和县人民政府积极响应国家政策号召，进行山林承包改革。1981年上半年，雷山县委、县政府组织成立了林业"三定"领导小组，抽调了352名干部组成工作队奔赴各村各寨，在全县范围内展开林业"三定"工作。至工作结束时，全县已填发"三证"的村民组占全县比重的98.9%，约有75.8%的集体山林划分给农户自行管理。③

虎河村于1982年春天开始了分林到户的工作，比其分田到户的时间稍晚了一些。分山分林时，全村的890亩林地划分出三个不同的类型，采取不同的管护策略。首先划分出风水林的范围。村寨最高处的百多株古松树，以及周围被村民认为对村寨风水有影响的部分山林

---

① 陈阿江和王婧的文章《游牧的"小农化"及其环境后果》一文中提到了"私地悲剧"式的环境问题，意在与"公地悲剧"式的环境问题相区别。该文指出，草场承包制实行后，渗透着市场观念、经济理性的生产实践显示出"小农化"的特征。牧民执着于局部的、眼前的经济利益，草场超载、草场退化、沙化的情形不断发生，草场生态和牧民利益的长远发展受到了损害。无独有偶，在林地实行承包制之初，我国南方林区也普遍发生了乱砍滥伐现象。本文所研究的虎河村伐林现象也表现得尤其明显。林地与草地承包的具体政策固然不同，但从实质上来看都是"一分了之"的简单化政策实践，未能顾及资源的生态功能共享特性，未能采取系统的观点方法，也未能兼顾并认可多样化的地方自主治理实践。因此，本节中借鉴"私地悲剧"的概念，分析"私林悲剧"的发生与影响。参见陈阿江、王婧《游牧的"小农化"及其环境后果》，《学海》2013年第1期。

② 卢之遥：《林权制度对民族地区森林生态与经济社会的影响——以贵州雷山县为例》，博士学位论文，中央民族大学民族生态学专业，第6页。

③ 贵州省雷山县志编纂委员会编：《雷山县志》，贵州人民出版社1983年版，第451页。

都被划为风水林，总面积约有 100 亩。这一部分山林的使用权、所有权都归村集体所有。

其次划出管理山，也就是责任山，并均分到户。在分林到户之前，虎河村曾于 20 世纪 60 年代中期兴办乡村林场，设有多名护林员，一直由集体负责管理森林。而在改革开放之初，乡村林场的管理体制改革并没有跟上，护林员等的报酬也落实不到位，导致林场基本处于瘫痪状态。因此在分林到户之时，虎河村干脆将原先集体管理的林地按照自留山的分配办法，按山幅大小、人口多少等进行分配，划分至各家各户。按照政策规定，虎河村分配到户的责任山占原有集体林面积的 60%—70%。村民有责任培育和管理分到户的责任山，同时部分的、有条件的拥有林木的所有权和使用权，但林地所有权仍然归集体所有。

最后是划出自留山，均分到户。按照政策规定，划给农户的自留山应该是荒山，鼓励农户按照"谁造谁有"的原则植树造林，发展林业生产。① 但在具体的实践过程中，虎河村将一些偏远或小块的疏林地也作为荒山来处理，分配到了各家各户。对于自留山中的林木，村民保有自由处理使用的权利，但林地所有权仍归集体所有。

分林到户的具体程序与分田到户的程序基本类似。时任虎河村村长的杨文清晰地记得当时的情形。

1982 年的时候我们这开始分山分林。当时我担任村长，对村上的情况很清楚。分山之前，生产队先组织村民学习了镇上发下来的文件，然后具体来分山分树。各个小队集合在一起开会，把村子里的山场画一幅大的图，标出来有多少亩荒山、多少亩风水

---

① 郑宝华编：《谁是社区森林的管理主体：社区森林资源权属与自主管理研究》，民族出版社 2003 年版，第 12 页。

山、多少管理山（责任山）等等，还要标出来整个村寨和各个小队林子的边界设置在哪里。然后按小队平掉，小队长抓阄定下来分到哪一片，这个以后也不能反悔。到了队里再看你家是哪个小队的、有多少人口，人口多的就分到多一点山林，人口少的就分到少一些。家庭代表到队里抓阄决定。管理山（责任山）和自留山都是这么分的。纸上分完了，还要把人带到山场去划界。小队和小队之间划界，户和户之间划界，小队长、家庭代表都要到场，定下了就栽桩桩讲好了，不能动了。要是有乱动的，就要请寨老、鬼师出面来讲理。当然有两家私下里自愿调换的情况除外。（2015 年 10 月，虎河村原村主任杨文访谈）

经过这样分山到户的过程，虎河村每家每户不仅分到了属于"自己家"的山林，还肩负着管理原有集体林的责任。按照国家政策设计的初衷和设想，山林权属下放到户以后，村民拥有了较为充分的林地经营权和林木所有权，应当爆发出高度的生产积极性，如同爱护自家田地一样爱护山林、积极造林。然而事与愿违，事实上虎河村的山林不仅没有得到相应的保护和抚育，反而遭到了再次砍伐。

先是出现了村民明目张胆地砍伐自留山和责任山的现象。在山林权属下放到户之后，虎河村大部分村民立即提起斧头争相上山砍树。一时间，虎河村除了风水林以外，不管是自留山还是责任山，都遭到了不同程度的破坏。由于责任山是生产队划给村民负责管理的，因此生产队干部在发现砍伐情况后立即前来阻止，宣称村民如果再继续砍伐的话，不仅所砍的林木没收归集体，村民还要缴纳所伐林木价值 2 倍到 3 倍的罚款，同时惩罚农户加倍补种林木。这在一定程度上刹住了村民砍伐责任山的风气。自留山的情况更加不容乐观。村民认为对于已经划归到自己名下的山林，怎么处理都不过分，即使生产队干部对其进行阻拦和教育，砍伐行为也仍时有发生。

直到 1982 年 10 月，国家发出《中共中央、国务院关于制止乱砍滥伐森林的紧急指示》，雷山县政府也开始重视和处理乱砍滥伐的行为，虎河村村民砍伐自留山和责任山的行为才有所收敛。但是据村民回忆，这种收敛也仅限于"明面上"的不砍不伐，仍有一部分村民将砍伐活动转入"地下"，对林木进行偷砍和盗伐。直到村庄重新树立寨老权威、订立村规民约之后，村庄的砍林之风才渐渐平息。

此次山林砍伐给虎河村造成了又一次的生态破坏，同时也带来了一系列严重的社会后果。从生态角度来说，曾在集体时期遭受重创的山林刚刚得到喘息的机会，却再遭破坏，直接对梯田生态系统、水资源、动植物资源等造成了严重影响。据虎河村的村民反映，山林作为生态屏障的功能受损，梯田系统首先失去了平衡。在遭遇水灾的年份，梯田就变成了"黄色瀑布"，洪水夹杂着泥土直冲而下，直奔寨脚。而在遭遇旱灾的年份，梯田原本如镜面般的水面就变成了干裂的土面，田水断流的情况频繁发生。以至于村民至今都还感叹，"老人的话都是对的，有树才有水，那几年树没了，水也没了"。至于山林中的动植物资源，更是快速减少。曾有村民提起，以前为防止在山间劳作时受到野猪等动物的攻击，他们既要练习一些拳脚功夫，又要带好铁棍、铁锹等农具，以备不时之需。但在当时山林遭受破坏后，甚至时至今日，村民都已经很少用到这些技术了。

从社会后果来说，伐林带来了一系列颇为糟糕的社会问题。例如林地纠纷和矛盾问题。在开展林业"三定"工作之时，由于时间紧、任务重，勘界工作存在一定的粗糙性和随意性，难免导致界址不清、权属模糊等问题，这就为日后山林经营和收益清算埋下了隐患。尤其在分林到户之初，林木体现出极高的使用价值和经济价值之后，村民开始尤其关注自家山林的边界问题，从而牵扯出一些矛盾和纠纷，纠缠不息。据村干部回忆，分林到户之后村庄发生的林地纠纷显著增加，数量上大概是以前的 2 倍之多。在激烈程度上，纠纷双方互不相让，光是要求使用"砍鸡头"的方式来"交给神判决"的矛盾就有多起。而这种极端的裁判方式通常是其他调解方式无效的最后选择，在以前的生活中非常少见。由于林地纠纷的纠缠不止，村民之间的矛盾、口角往往蔓延至其他生活领域，以往和谐亲厚的邻里关系也面临威胁。

二 "私林悲剧"的逻辑

虎河村的情况并非个例。诸多的研究表明，分林到户之初的林区曾普遍发生过乱砍滥伐的现象。① 无论是南方集体林区，还是西南林区，在林业"三定"改革之初都普遍出现过破坏森林资源的现象，甚至有些地方出现"山分到哪里就砍到哪里"②，一夜之间给成熟林地"剃光头"③ 的现象。为何耕地与林地实行相同的政策举措，耕地承包之后呈现出有效经营的局面，而山林"化公为私"则带来了乱砍滥伐的悲剧？为何农民没有像爱护耕地一样爱惜和合理利用山林呢？从虎河村的调查中，得出了以下两个方面的重要缘由。

其一，利益的直接刺激。在这一时期，山林带给村民的利益极为明显。从金钱利益上来说，私售木材带来的高额收益使村民最为直观地感受到了木材的价值。在调查中，村民屡次强调分林到户之初"木头值钱"，而现在"木头不怎么值钱"。但应注意，村民在这里提到的"值钱"的木材交易是与"木贩子""木老板"私下进行的。因为

---

① 辩证地说，林业"三定"政策的实施确实在一定程度上调动了农民管理林地的积极性，但其所导致的林区较大范围内的乱砍滥伐也是不容置喙的事实。这也正是1982年10月国家紧急叫停林业"三定"改革的原因。此次林木砍伐被认为是中华人民共和国成立后的森林"三大伐"之一，其余两次则是"大跃进"期间"大炼钢铁"、"文化大革命"期间开荒种粮而导致的大规模乱砍滥伐。（参见 Shapiro, J., *Mao's War Against Nature: Politics and the Environment in Revolutionary China*, New York: Cambridge University Press, 2001, p. 10）

② 何得桂：《集体林权变革的逻辑：改革开放以来闽中溪乡的表达》，中国农业出版社2008年版，第54页。

③ 杨有耕：《试论锦屏林业改革的成败及其原因》，《贵州民族研究》1989年第1期。

在当时，南方木材市场尚未放开，木材仍然属于国家统购统销的产品。按照正常销售程序所得的收益，国家、森工单位和木材经营部门占有大部分，林木所有者仅能获得很少一部分的林业山价，[①] 这一部分林价收入并不足以吸引村民大砍树木。但木材"黑市"上的交易带来的收入则大不相同。虎河村所在的雷山县是黔东南州十大林业大县之一，深入大山私贩木材的"木老板"络绎不绝，一些"二贩手"也为利益从中作梗，高价收购和转卖，导致木材私售价格抬高至林价收入的几倍、几十倍甚至上百倍。据村民回忆，在当时卖给"木老板"或"木贩子"一棵十几厘米粗的杉木就可以获得近百元的收入，树龄长、长相好、品级好的树木能卖到更好的价钱，上千、上万元都有可能。而在当时一个国家普通职工每月的工资也不过二三十元，更不用提当时的村干部每月只有十几元的工资。[②] 受此巨额利润的刺激，村民才会普遍选择砍伐林木，即使国家和政府屡次禁止，也仍存在偷砍、盗伐的现象。

从实用效益上来说，这一时期山林能够极大地满足村民建房和烧柴的用材之需。改革开放以后，农民生活水平较之以前有了很大的提升，在解决了温饱问题之后，农民的建房需求、对家具和室内装饰的需求开始凸显出来。雷山县的数据表明，在1980年至1985年期间，全县农村房屋建设数量和面积快速增加，在6年间平均每年增加住房341栋，[③] 建成住房总面积494216平方米，分别是1950年至1959年建房总面积的2.6倍、1960年至1969年的4.2倍、1970年至1979年的2.3倍。[④] 在建房、打造家具、修建牲畜棚圈等的用材上，平均

---

① 何得桂：《集体林权变革的逻辑：改革开放以来闽中溪乡的表达》，中国农业出版社2008年版，第70页。

② 原村主任杨文在80年代时每月的工资只有17元钱，还要从中拿出10元钱交到村中作为建设基金，真正拿到手的只有7元钱。

③ 贵州省雷山县志编纂委员会编：《雷山县志》，贵州人民出版社1983年版，第446页。

④ 贵州省雷山县志编纂委员会编：《雷山县志》，贵州人民出版社1983年版，第304页。

每年需要消耗 10230 立方米的木材。虎河村的建房情况也基本呈现出相似的增长趋势，村民或因孩子结婚、分家等原因修建新房子，或因手头宽裕而改善居住条件，翻修、扩建老房子。由于虎河村一直保持着传统的苗族民居建筑风格，所修建的吊脚楼除了屋顶盖瓦以外全部使用木材，仅建一栋房子就需要 2—3 尺围的杉木约 40—50 根。① 另外，据村民估计，必要的家具和"美人靠"等室内装饰也需要至少近 5 方的木材。这使得村民对木材的需求急剧增加。

除此之外，村民日常必须消耗的柴火也在持续不断地从山林中获得。据雷山县全县的数据统计表明，仅日常生活用柴（包括煮饭、煮猪食和取暖）一项，在 1980—1985 年期间平均每年就要消耗木材 86499.2 立方米。② 虎河村对柴火的需求量也十分大。在这一时期，节柴灶、沼气灶等还并未普及到家家户户，多数村民家中使用的还是黄泥打造的"老虎灶"。这种锅灶耗柴量大，煮一顿普通的饭菜保守估计能够烧掉 10 公斤柴，再加上煮猪食等，每户每天都要消耗 25—30 公斤的木柴。在冬季有取暖需要时耗柴量则更多。为此，虎河村每家每户为储备柴火都会专门搭建一个柴棚，各家每天都至少需要两个劳动力来砍柴才能应付日常所需。

由此可见，在这一时期无论是金钱利益还是实用效益，山林所表现出来的价值本身足够吸引村民对其进行砍伐。

其二，国家林业政策的不稳定刺激了村民的短期行为。农民并不是生活在真空之中的，他们的行为深受国家政策、社会制度等变化的影响。虎河村村民在分林到户后的砍伐行为，与国家长期以来不稳定的林业政策有着密切的关系。先来看村民陆志学阐述的在当时"非砍不可"的重要理由。

---

① 贵州省编写组：《苗族社会历史调查》（二），贵州民族出版社 1987 年版，第 22 页。

② 贵州省雷山县志编纂委员会编：《雷山县志》，贵州人民出版社 1983 年版，第 446 页。

　　分田以后，林子也全分下去了，我们每家都有自己的山了。当时我还年轻，想着做点事，就跟我老爸说把山管管好，长起树子再说。但我老爸经历过过去那些事情，知道国家政策一天变一变，跟我们贵州的天气都差不多嘞，就让我挑些大的、好的树去砍了。自家修房子能用，用不上的就卖给木贩子，得了好处、得了钱才是真的。再一个，别家有砍树换钱的，我们不砍，养得好了长起树子了，国家一个政策说要回去了，那我们不是吃亏了吗？当时我老爸也舍不得砍，但是一想到树子长大要好些年，中间还不知道有什么变化，干脆就砍了就算。当时别家也是这样，你砍我也砍嘞。除了寨头风水林打死也不敢去砍，自留山、责任山都有砍的。分给我们了嘛，有底气的。后来大队干部来查我们，说再砍就罚，我老爸又害怕队里干部那一套，不敢去砍了。有个别胆子大的，特别是那些年轻的、不做活路整天闲晃的，也不怕什么，半夜偷偷摸去砍了（树）来换钱。外村也有来偷的。

（2016年11月，村民陆志学访谈）

　　与陆志学存在同样担忧的村民大有人在。很多村民都表示，山林分到手之后也曾想过好好经营，但对国家政策多变的"担心"远远超过了想要经营山林的"决心"，所以才会选择砍伐山林。的确，1949年以后至分林到户之时，国家林地政策发生了诸多变动。只要简单回顾一下虎河村林地权属的演变轨迹，就能够理解村民对"国家政策一天一变"的担忧（见表5—1）。

　　由表5—1中可以得知，自1950年至1981年林业"三定"实施之时，国家围绕林地制度问题数次调整政策，尤其是在1950—1964年的15年中，林地制度就先后变动了6次。山林的屡"分"屡"收"直接导致村民形成"政策一天一变"的直观感受和深刻记忆，产生出对国家政策的不信任感。再加上林地的经营本身是一个长期的、动态的过程，收益回收周期长，且难以主观估计和衡量，这就加重了村民的担忧，出现文水所说的"害怕吃亏""担心辛苦养大的树木一夜之间被国家收回"的心理。两相权衡之下，村民才会优先选择关心眼前利益，才会在林业"三定"改革甫一开始就立即上山砍伐，先下手为强，将林木变为当下自己真正能够掌握得到的财产。

表 5—1　　　　　　1950—1982 年虎河村林地制度改革进程

时间	林地制度安排特征
1950—1952 年	林地完全归农户私有
1952—1956 年	林地所有权仍归农户，但使用权、收益权等分离出了产权体系，归合作社所有
1956—1958 年	除少量零星树木属社员私有以外，其他成片山林均归集体所有。林地所有权、使用权、收益权、处分权等全部归合作社所有
1958—1961 年	林地完全归集体所有。初级社、高级社时尚未偿还的折价山林也收归集体
1961—1964 年	部分林地和林木使用权暂时归农户所有。承认并划定自留山，农户房前屋后的零星树木重归私人所有。个人造林遵循"谁造谁有"的原则
1964—1982 年	山林重归集体，否定林权私有。自留山以及农户房前屋后的零星树木等全部收回集体
1982 年	林业"三定"，分山到户。划定自留山和责任山

注：依据《中国近现代林业产权制度变迁》以及村庄实际整理而得。

三　"公地"与"私地"的悲剧之辨

20 世纪后半叶，美国学者哈丁（Garret Hardin）针对公共物品管理、公共资源治理等问题提出了著名的"公地悲剧"理论（The Tragedy of Commons）。该理论形象地以牧民在公共草场上放牧羊群为比喻，指出了公共草场的使用问题。即理性的牧民（公地使用者）在收益最大化的驱使之下会选择多放一只羊、多获一份利，而不会顾及草场因过度放牧而退化的可能，从而在事实上造成公共草场的破坏，最终导致牲畜"无草可食",牧民利益受损。[1] 该理论一经提出,便主要应用于解释森林、草原、河流、空气、海洋渔业资源等生态破坏、环境污染问题。随着该理论价值和重要性的不断攀升,其应用范围也逐渐扩展至金融危机、国企改革、医药改革等诸多领域。[2]

继而,"公地悲剧"的原因和解决方案也成为学界密切关注和讨论的热点。其中,关于公地产权的讨论呼声最高,产权不清被认为是发生悲剧的主要原因,而产权清晰也相应地成为悲剧的治理之道。这一方案得到了很多学者的认可,他们主张通过国有化或私有化的方式[3]实现"非公地化""去公地化",以避免悲剧的发生。[4] 按照这一思路,很多国家和地区展开了公地资源"产权清晰"的划分实践,原来属于社区或集体所有的公地资源要么划归国有或政府命令控制,例如建立国家林场、自然保护区等[5];要么划归私有,例如设置地表水权制(Surface Water Rights)、渔业个体可转让配额(ITQ)、排污权交易等[6],最大限度地划清了其产权边界。

应当注意,虎河村的"分林到户"并非是林地"产权明晰"实践的结果,而是出于当时提高生产效率以及政策统一变革的需要,但从后果上来看,过去的"公林"(公地)转变为了事实上的"私林"(私地)。若按照哈丁"公地悲剧"的发生逻辑,"公林"会产生使用

---

① Hardin, G. J. , "The Tragedy of Commons", *Science*, Vol. 162, No. 3859, 1968, pp. 1243 – 1248.

② 阳晓伟、闭明雄、庞磊:《对公地悲剧理论适用边界的探讨》,《河北经贸大学学报》2016 年第 4 期。

③ Smith, R. J. , "Resolving the Tragedy of Commons by Creating Private Property Rights in Wildlife", *CATO Journal*, Vol. 1, No. 2, 1981, pp. 438 – 468.

④ 阳晓伟、杨春学:《"公地悲剧"与"反公地悲剧"的比较研究》,《浙江社会科学》2019 年第 3 期。

⑤ 黄冲、罗攀柱、梅莹、徐琴:《发展中国家公共林地管理制度的应用、发展和反思》,《农业经济问题》2019 年第 2 期。

⑥ 蔡晶晶:《社会—生态系统视野下的集体林权制度改革:基于福建省的实证研究》,中国社会科学出版社 2012 年版,第 31—33 页。

悲剧，而"私林"则因权属边界清晰而避免了悲剧问题。而在事实上，虎河村传统时期"公林"的利用与管理是有序的、高效的，分林到户以后的森林利用反而是无序的、无效的。也就是说，虎河村的实践从反面印证了"公地"并不必然发生悲剧，"私地"也并不一定没有悲剧。之所以如此，有两个方面的因素必须引起重视。

其一，管理制度因素。从理论上来说，根据排他性的强弱，公地可以分为三种类型：开放进入式公地（Open Access Commons）、有限进入式公地（Limited Access Commons）和无法进入式公地（Forbidden Access Commons）。① 哈丁在早期所论述的"公地"，实际上是"未加管理的公地"，即完全开放进入式的公地。② 但在现实生活中，这种公地类型与无法进入式公地一样，是极端情形下存在的，而有限进入式的公地才是具有普遍意义的公地类型。③ 很明显，之所以称其为"有限进入式"，表明无论对于群体内部成员还是外部成员，公地之上都或多或少地存在着明确的管理制度。尽管形式上可能是习俗、惯例等非正式制度，其对公地资源的管理效力却是真实、有效地存在着的，对避免"公地悲剧"的发生是积极的且至关重要的。这一点也为大多数学者所证实。例如 Bromely、④ Tucker⑤ 等均验证了社区自发产生的非正式制度能够有效限制其公共林地的准入与开采；以奥斯特罗姆为中心的印第安纳学派的研究也发现，瑞士的高山草场、日本的公共山

---

①　阳晓伟、闭明雄、庞磊：《对公地悲剧理论适用边界的探讨》，《河北经贸大学学报》2016 年第 4 期。

②　哈丁 1968 年发表的文章中并未明确指出"公地"的前提假设，招致学界广泛批评。1998 年哈丁撰文澄清，应当在公地前面添加"未加管理的"限定词。

③　阳晓伟、闭明雄、庞磊：《对公地悲剧理论适用边界的探讨》，《河北经贸大学学报》2016 年第 4 期。

④　Bromley, D., "The Commons Property, and Common Property Institutions", in Bromley, D. eds., *Making the Commons Work*：*Theory*, *Practice and Policy*, San Fransisco：ICS Press, 1992, pp. 41 – 59.

⑤　Tucker, C. M., "Private Versus Common Property Forests：Forest Conditions and Tenure in a Honduran Community", *Human Ecology*, Vol. 27, No. 2, 1999.

地、西班牙的公共灌溉系统等都以社区自发设计的规则制度进行管理而成功避免了"公地悲剧"。①

传统时期的虎河村也正是由于保有一套自主管理规则而使"公林"得到了有效利用。传统时期，山林是属于村寨集体所有的重要资源，在祖祖辈辈"坐山、吃山、用山"的生活实践中，村民围绕山林的使用与养护形成了特定的组织、规则与信仰、习惯，发展出一个完整的、成熟的"知识—实践—信仰"综合体，② 十分有效地起到了管护森林的作用。

在山林从"公地"转为"私地"的同时，传统有效的林地管理制度也出现了弱化和失语，加剧了砍伐悲剧的恶化。由于集体时期特定政治环境的存在，村庄传统组织、规范与信仰遭受打击，潜伏到了村庄生活的表面之下，至改革开放初期仍未完全恢复其生命力。与此同时，以市场为导向的经营规则日益凸显，挑战着村庄原有的林地资源"共有共管"的使用秩序，资源取用与管护之间的矛盾被激发出来。一个很明显的例子即是当时村庄护林的"心不想、事不成"。

> 当时偷木头偷得挺凶的，村里村外都有人偷。我喊人去巡山，真是没人出面、没人愿意干。没人出面是因为没人组织。生产队那时候基本不管（村里的事），寨老也没有正式恢复起来，议椰什么的也没有搞，这都是后来才有的事。没人愿意嘞，是因为那时候已经搞承包了，各家屋头都有各家的小算盘啊，都拼命想办法多搞一点田、搞好一点，多搞田就是多搞钱。我喊人看山，一回两回的，看在我村长的面子上还去一下，多了就不得了，朝我喊说"我去山

---

① ［美］奥斯特罗姆：《公共事物的治理之道：集体行动制度的演进》，上海译文出版社 2012 年版，第 93—141 页。

② 朱冬亮：《村庄社区产权实践与重构：关于集体林权纠纷的一个分析框架》，《中国社会科学》2013 年第 11 期。

上看，田里谁帮我看啊？大队里也不记我的分，又分不得钱，你找别人啊。"我听了这些话也是说不出来（再让他们巡山）了。

（2016 年 11 月，虎河村原村主任杨文访谈）

其二，资源的特性差异。从形式上来看，林地承包制的实行无疑是效仿耕地承包制的结果，为何耕地承包以后经济成效显著，而林地化"公"为"私"则出现了消极的破坏后果？这其中一个非常关键的因素就是资源的特性问题。

耕地最为基本和主要的特性是其生产特性。作为一种生产要素，耕地是支撑农业生产最重要的生产资料之一，也是供给农民基本生活资料的来源之一。在不改变耕地农业生产用途的前提下，耕地的产出和效益在很大程度上取决于农民自身的经营和管理。正因如此，在以提高生产效率为导向的家庭承包改革实行之后，农民从耕地中获得的收益才既快速又明显。

林地则大不相同。尽管具有经济生产功能，林地更为重要且首要的是其显著、特殊的维护生态的特性。之所以显著，是由于森林通过汲取自然界的能量，充分发挥着涵养水源、蓄水保土、调节气候等多层次的综合功能，并通过与大生态系统内其他要素间环环相扣的关系维持整个生态系统的动态平衡和结构稳定。之所以特殊，是由于上述生态功能只有在林地作为一个整体时才能充分发挥出来，当林相破碎或森林与其他生态要素之间的关系破裂时，林地生态功能就会整体下降。换句话说，林地经营必须首先考虑其"公有"或"共有"的生态保护特性，否则就会伤及根本。

从虎河村的案例中可以清晰看出，在分林到户以后，村民首先关注的是林地的经济价值，是林木的"私有"收益，而忽视了林地原先"公有"或者"共有"的生态功能，从而影响了其生产与生活。事实上不仅有虎河村一例案例，在后来关于草地承包制、集体林权改革等的研究中，一些学者也相继证明，诸如草地、林地这一类重要的生态资源，如果不能以生态系统为基本单元进行治理，都不会取得好的成效。① 因此，对于这一类生态资源，并不能简单地用"分"或"不分"一概而论，对于资源"公有"还是"私分"也不能片面地下定结论，而必须根据资源的特性以及地方的具体情形而定。

本章交代了改革开放初期虎河村的社会与生态变革过程。改革开放初期，虎河村掀起了"去集体化"的社会变革。在经济领域内实行家庭联产承包责任制，动摇了人民公社体制生存的根基，在此后展开的"政社分设"过程中，人民公社体制走向瓦解。然而由于国家权力从农村的抽离过快，经济领域内的改革先行，而适应经济发展的社会控制机制的建立相对滞后，同时，传统乡村内生的管理机制尚未恢复，短时间内国家与社会的联系出现"梗塞"，导致了社会失范问题的发生。与此同时，家庭联产承包制的实行扩大到了山林之中，林地仿效耕地的改革措施，实行均分到户。然而由于经济利益的刺激、村民对国家政策的不信任以及传统森林管理体制失灵等因素，分林到户反而掀起了伐林风波，引发了一系列不良的生态后果。

在这场社会生态变动的过程之中，虎河村村民的价值观念出现失衡甚至失落，其对于生态的认识也出现了迷茫和迷失。若说集体化时期"大跃进"运动中"战天斗地"的主流意识过滤了地方潜在的生态意识，那么在本章所述的改革开放之后的短暂时期内，在市场机制的引入之后，"经济理性"再度过滤了村民的意识，使得自然的"经济价值"着重凸显出来。若说集体化时期村民与原有生态意识的悖离迫于政治体制的压力，那么本章所述时期村民则是主动远离了其原有的生态意识，在传统与现代之间徘徊之时，甚至还突破了一些传统的

---

① 杨理：《中国草原治理的困境：从"公地的悲剧"到"围栏的陷阱"》，《中国软科学杂志》2010 年第 1 期。

生态信仰和禁忌。可以通过村民一系列的发问来呈现这种对原有生态意识的远离。"都去赚山林的钱，你说是保树还是要钱?"，"以前都说砍树有事，但先头国家砍，现在个人砍，你看着别人砍了也没事（指遭报应），你会不会心痒痒? 还信不信老头们的话?"，"老人们那一套是好，但是不来钱。你说你是要找钱，还是要听话"? 类似的发问还有很多，从中我们不难看出传统与现代的碰撞和交锋。

　　但正如危机之中孕育着机遇一般，村民的这种价值选择迷茫也正预示着改变的可能。民族传统文化与现代文化相遇、碰撞，如此才能使得一些先觉的精英清晰认识到不同文化的差异和特征，才有可能进行比较和反思。在下文展开的论述中，我们将能够清晰地看到虎河村重新发现其传统文化生态价值的一面。

第六章　省思、调适与生态自觉的实践

　　屡次的社会变革与生态秩序的波动迫使虎河村不得不进行调适转型。面对村庄该如何稳定发展、该走何种道路等一系列问题，虎河村在反思中觉察且认识到了其传统中的有益成分，对其加以合理的吸收利用，自觉走出了一条人与自然和谐共生的生态发展道路。

第一节　生态自治体系的重构

　　生态问题一直是伴随村庄发展过程中的重要问题。从人与自然相谐的传统生存样态，到人与自然不谐的现代生存样态，虎河村的成长始终与生态问题紧密相伴。对于经历了两次生态失序的村庄来说，首要问题便是重新建立合理的生态资源利用秩序，重塑人与自然之间的和谐关系。为此，虎河村通过恢复寨老组织和重议生态榔约稳定了山林资源的利用秩序，实现了村庄的"自救"。难能可贵的是，虎河村在后续的发展过程中也没有放松对生态问题的重视，通过对传统寨老组织的创造性转化建立了"村治为主、寨老治理为辅"的治村格局，塑造了强有力的自治主体；通过对原有生态榔约的创新制定了新型生态村规，实现了生态治理规则重塑。

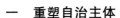

一 重塑自治主体

（一）恢复寨老组织

改革开放后至村民自治制度推行前的短暂时期内，村庄经历了因山林承包引发的伐林风波，生态与社会秩序颇为动荡，村民对于恢复村庄秩序的要求极为迫切。然而与当时全国大部分村庄类似，虎河村的组织状况并不理想：一方面，社队体制松弛，难以发挥作用；另一方面，新的农村基层组织尚未建立，乡村公共事务"无人问津"。在此情形下，村庄寄希望于曾经的社会秩序维护者——寨老——来解决当时的失序问题。加之当时的政治社会氛围相对宽松，为寨老从乡村社会"边缘"重回"中心"提供了可能和契机。

1982 年冬天，虎河村村长杨文首先召集村干部、家族代表、村民代表等商议恢复寨老组织的相关事宜。时至今日，杨文仍然记得当时的情形。

1982 年的时候我正当村长，寨子上的情况不太好，我心里很着急。当村长管不好一个村，这是很要命的事情。我白天也想，晚上睡觉做梦也想，后来把村上的支书、村干部、家族代表、村民代表集合起来，大家一起坐下来开会。开了三天的会，最后定下来还是让寨老出来管事。在我们苗寨，寨老也不说多有权有势，但是他说的话大家都听、干的事大家都认可，不犯错误的话都是要干很久的。搞集体的时候不许寨老管事，现在生产队不管事了，我们就组织村干部啊、家族代表啊做原先那个寨老的思想工作，发动他们不要害怕再挨批斗，请他出面来管寨子。开始他们也拒绝的，就是怕了，但是我们思想工作也做，（村庄）外面准许吃牯藏、祭祖的事情也慢慢多起来，大家知道现在政策放松了，他们（寨老）也就慢慢地没有了心理负担，同意出面管事。

（2015 年 8 月，虎河村原村主任杨文访谈）

这次会议结束以后，虎河村在寨头的芦笙场上召集村民集合，村长宣布恢复寨老组织，并请原先的寨老李志继续担任该职务。之后，由李志发表讲话并宣讲理规。讲话结束后，全体村民遵照传统杀猪分肉，共进"生活教育餐"，并跳芦笙以示庆祝。

当年年底，在寨老的组织和主持之下，虎河村以传统议榔的形式订制了首版村规民约，重点针对偷砍乱伐森林、社会治安问题等做出了规定。自此之后，村庄偷伐乱砍的现象得到了有效控制，村内矛盾和纠纷经过寨老的调解也有所缓和，村庄秩序逐步恢复。

可以说，改革开放初期虎河村恢复寨老组织是一场村庄"自救性"的应急实践。① 我们暂且不能妄下论断，证明虎河村村民"自己管理自己"的觉悟有多高，严格来讲，此时虎河村的行为更像是惯性使然。正如弗思所言，"一个社区的人民对那些和他们传统价值观念及组织形式有连续性的或相似的促进因素最容易接受，即使他们是在探求一种全新的事物，他们也常用他们熟悉的旧的结构和原则来表示他们的新的组织结构"②。然而也正是由于虎河村保存并延续了这种宝贵的文化传统惯性，才使得虎河村在国家正式管理制度进入乡村之后，主动整合其文化传统与现代社会需要，促成了寨老的转型，将其嵌入到乡村生态治理的过程中，取得了良好的治理绩效。

（二）村政组织与寨老组织互联互动

伴随着人民公社制度逐步退出历史舞台，发端于广西壮族自治区宜山县合寨村"自己管理自己"的"村委会"③ 治村实践也开始进入

---

① 张鸣：《为什么会有农民怀念过去的集体化时代?》，《华中师范大学学报》（人文社会科学版）2007 年第 1 期。

② ［英］弗思：《人文类型》，费孝通译，华夏出版社 2001 年版，第 67 页。

③ 郭亮：《桂西北村寨治理与法秩序变迁：以合寨村为个案》，博士学位论文，西南政法大学，2011 年，第 84 页。

国家的视线。1983 年 10 月，中共中央、国务院发出了《关于实行政社分开建立乡镇的通知》，正式宣告人民公社体制解体，同时肯定了村民委员会的地位和作用，表明国家开始在乡村社会建立"乡镇人民政府—村民委员会—村民小组"的新的治村模式。[1] 苗族村寨内也相继成立了村民委员会，以村支书、村主任为代表的体制内权威兼任国家利益"代理人"与村庄"当家人"的双重角色，[2] 成为村寨治理的实际掌控者。在此背景下，寨老这一昔日权威的光芒逐渐黯淡，很多村寨都取消了寨老组织，直接由村"两委"全权处理村庄所有事务。[3] 而在虎河村，寨老组织并未消失，也没有沾染上行政色彩，而是在村政组织的引导下实现了创造性转化，成为村民自治的有益辅助与补充。

1984 年 7 月，虎河村正式成立了村民委员会，村干部走上了治村的"前台"，寨老则重新回到了"幕后"，村中的大事小情均由村两委处理。然而随着村务工作的逐步开展，村两委遇到了一些新问题，村干部处理起来颇有些力不从心的感觉。

其中最大的问题就是村民矛盾调解的问题。如前所述，20 世纪 80 年代的虎河村正处于改革的十字路口，面临一些"新情"和"旧况"。一方面，社会急剧转型过程中村民的经济意识、竞争意识、个体意识等较之以前都有了不同程度的发展，无论是家庭内部矛盾、村民之间的矛盾，还是村民与村干部之间的矛盾，这一时期都呈现出多发、易发的趋势。另一方面，此前人民公社时期积累和被遮蔽的干群关系问题显露出其历史遗留效应，村民对村干部仍未付出完全的信

---

[1]　郭亮:《桂西北村寨治理与法秩序变迁:以合寨村为个案》，博士学位论文，西南政法大学，2011 年，第 88 页。

[2]　徐勇:《中国农村村民自治》，华中师范大学出版社 1997 年版，第 203—218 页。

[3]　这种情况在原先的"熟苗"地区表现得尤为明显。例如在笔者曾调查过的丹寨县扬村，寨老就已经完全消失，村庄内的大事小情均由村委会负责。当问及当下村内有无寨老之时，村民的回答都是"那都是过去搞的事情了，现在没有了，有村委就不需要了"。

任，出现了小矛盾不断却又"不上村"的状况。但矛盾"不上村"并不代表着村民之间相安无事，时常发生的小矛盾反而在无形中消耗着村庄社会秩序的基础。时任村支书的杨忠发现，村民三天两头地为一些小事争执，但村委会下设的调解委员会却形同虚设，即使调解委员赶到纠纷现场，却也往往没有用武之地。

> 头号问题就是村民矛盾的调解问题。村委会下面设置了调解委员会，调解委员是我们村治保主任担任的，40多岁。调解委员会成立一段时间以后，我们发现这个委员发挥不起作用。不是他不管事，是有时候他不知道怎么管。那时候村民之间的矛盾最多的就是"你占我家的土了，我占你家的林了，他偷他家的水了"，这一类田头土头的（矛盾）。这些边边角角的界线的问题，只有寨老是最清楚的。以前有这种矛盾的时候也都是寨老出面解决的，换个年轻的来，他又不知道，怎么去调解呢？后来还是要领着矛盾双方去问寨老。寨老再劝不成，就再找鬼师来砍鸡脑壳。几次以后，那再有这样的矛盾，人家就不来找村上（调解）了，找了也没有用，还是得找寨老解决。（2015年8月，虎河村村支书杨忠访谈）

老支书杨德也借由一桩建房纠纷道出了矛盾调解中寨老组织的重要性。

> 当时西江有一桩建房的纠纷闹得挺大，惊动了公检法（机关）都没能解决，还是寨老出面解决的。西江那有户人家建新房，没按照老祖宗留下的规矩办事，选的地方呢按他们村规矩是不能起房子的地方。我们苗家建房都是很讲究的，有很多忌讳。这样其他村民就不同意，一直吵来吵去的，还闹到了公检法系统

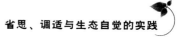

去。按照公检法系统的处理办法就是先抓人，至于罚不罚、教不教育就不管了。但西江这个案子呢，他们（公检法）是没办法抓的。为什么呢？因为这户人家在自己寨子起房子，不管自己住还是做生意，都是合法的。但我们苗族传统是怎么说呢，就是他影响了整个景观，就是我们传统的这个地方是不能起房子的，是有影响的。这种情况下，公检法的力量就搞不定了。寨老呢，就是说这个事情，你要听我们寨子的，按我们这个要求做。如果你不按这个要求做，你们家死人了，我们就不去看你了；你们家有事了，我们都不管；如果你们家要结婚呢，我们也不去帮你。主要就是靠这么一种社会关系来促使一个人（遵守规定）。你不按规矩办，就要受到一些惩处，在村子里就活不下去。因为寨老向来都是说话办事非常公正的老人，村里的人都很信服他，所以有时候寨老调解也好，给村民讲道理也好，反而要比教村民学法律制度来的效果更好。最后这个人就把房子拆了，大家也一起帮他在另外一个地方起了房子，事情就圆满解决了。（2015 年 8 月，虎河村原支书杨德访谈）

除此之外，村庄一些传统文化活动的组织开展也遇到了问题。改革开放以后，苗族社会的文化传统逐渐复兴，打口嘴鬼、吃新米、吃牯藏等传统的节日文化活动再度活跃起来，不仅为苗族人民的生活带来了欢乐喜庆，也成为标榜苗族文化身份的重要符号。但这些节日活动都有着一套严谨、固定的仪式流程，尤其是仪式中还涉及宣讲古理古规的环节，这对于策划、主持此类活动的村干部来说是个大难题。因为他们大多是四五十岁上下的中青年人，不仅不太熟悉活动的仪式流程，更不懂那些古理古规，万一出现错误、以讹传讹，将会对苗族文化传承造成恶劣的后果。而寨老自古以来就负责宗教、节日活动的举办，也是村中最熟悉古理古规的人，因此每逢开展节日活动，村干部都必须向寨老请教，以保证活动的顺利进行。

如此一来二去，虎河村开始考虑请寨老组织重回"台前"，正式协助村"两委"开展工作。村"两委"成员进行商讨表决之后，在征得寨老本人和全体村民的同意之后举办了村民大会，正式宣布了由寨老组织协助村委治村的决定，并由村民举手表决，决定由李志继续担任寨老。另外，会上还对寨老的产生和任期做出了规定，即采取村民公开选举、计票的方式产生寨老，其任期与村干部相同，到期后与村干部同时进行公开换届选举，产生下一任寨老。

重回村治"前台"的寨老组织实现了功能转型，与村政组织各负其责、相互配合，共同促成了村庄社会的内源性提升与发展。首先，由村务的"全能管理者"转向村庄公共事务的"协助治理者"。转型前的寨老组织全权负责村庄的大事小情，是名副其实的村寨"大家长"。而在转型以后，寨老组织退出了村庄行政事务管理，主要转向公共事务的协助治理。例如在土地、水、森林等公共资源管理方面，寨老组织协助村委会制定现代村规民约，组织村民参与现代"议榔"，保证村庄自主治理的有效性。而在村庄公共秩序维护方面，寨老组织则以其权威形象良好、贴近村民、熟知村情的优势对村民进行管理和约束，在村内或村际发生纠纷时协助村政组织完成调解工作，有效维护村庄社会稳定。

其次，由"权力代表"转向"文化传承代表"。转型前的寨老组织可谓是村庄的最高权力代表，不仅拥有政治权力，而且集司法、军事、文化等权力于一身。而在转型后，寨老组织卸去了"权力代表"的光环，但因其熟知地方历史文化和传统信仰习俗，传承村庄优秀传统文化的重任大多落到了寨老的肩上。尤其在文化交流日益频繁的今天，民族文化、地方文化、传统文化的展示和对话空间日益扩大，寨老已经成为村庄文化传承的表率，为村庄打出一张独特的"文化名片"。在组织活动时，寨老是重要的"文化顾问"，协助村委会进行流程规划、人员和物资配备等工作，保证活动的顺利开展。在主持活动时，寨老化身为"文化传承人"，不仅按照传统规仪举行活动，生动展示传统文化，而且向村民传述古理、古规、古仪，带领村民熟悉并掌握村庄的历史源流、信仰风俗、规则习惯等文化事象，推进地方历史文化的弘扬与发展。

最后，成长发展为村务的"监督者"与民意的"表达者"。在一些村庄，寨老组织也宣称其进行了调适转型，然而这种转型严格意义上来说应当定义为"寨老"本人的转型。因为在此类转型中，仅是寨老本人直接转化或兼职担任村委会的主要领导，以国家代理人与传统权威集一身的新身份进行村庄事务管理，而寨老组织实际上已经丧失了其作为民间组织的独立身份，隐形地消匿于"乡政村治"的大背景之下。但在虎河村，寨老本人不能兼任任何行政职务，这就决定了寨老组织始终以独立的身份发挥作用。对此，虎河村现任寨老李志老人做出了非常到位的总结。

> 寨老不能当村干部的，就是怕这其中（行使职责时）纠缠不清了。在我们寨子上，村委会处理（事情时）合不合理、到不到位啊，寨老都要看一看、问一问，不是能光靠村干部一个人拍板决定、单独处理的。村委会有事情也会主动来问寨老，请寨老出面参加会议啊、讨论啊。还有一个呢，寨老他代表大部分老百姓的利益，这也能对村干部有一个相反的力，等于多了一双眼睛盯着他的工作。另外呢，在群众有意见的时候，寨老可以把大家都有意见的地方报上去给村委会知道，等于是在政府和村民中间搭一个桥的作用。（2015 年 10 月，虎河村寨老李志访谈）

由此可见，在虎河村，寨老组织一方面能够以其"长老权威"对村委会的决策进行监督，抑制一些可能存在的寻租行为，防止村民自治变异为村"官"自治；另一方面，在涉及村民利益的问题上，寨老组织能够出面扮演"代言人"的角色与村政组织进行沟通，真正表达公众意见。

经过以上三个阶段的转型发展，虎河村逐步形成"村治为主、寨老治理为辅、村民全体参与"的良好治村格局。在此格局中，村政组织发挥着主导作用，一方面承接政府治理工作；一方面独立展开治村工作。寨老组织通过创造性转化实现了与现代村庄治理的相谐相融，激发了村庄自治的传统因子和内生动力。在村政组织与寨老组织的共同治理和引导下，虎河村村民真正参与到治村工作中，无论是在村规民约的制定、修订，还是在文化节日活动的举办中，村民参与治村的积极性、能动性不断增强，自治意识不断提高，日益成为村庄自治的有效主体。

二 创新生态规约

随着村庄治理体系的重构，治理规则也随之发生了深刻改变。虎河村针对不同时期村庄面临的生态和环境问题，不断调整和修改现有规范，创新发展了新型生态规约。之所以称其为"新型"，原因在于该规约实现了对传统生态榔约的创造性转化，具有鲜明的发展特色。一方面，坚持国家法治引领，贯彻国家法治精神；另一方面，沿袭继承传统生态榔约的有益成分，并依据时代发展要求加以调整优化，保持了其生态自治习惯和特色。正是由于这些传承了苗族传统文化的村规民约所起到的约束作用，虎河村才保持了良好的自然生态环境，成为雷公山乃至黔东南地区远近闻名的"生态村"。

（一）教化型生态榔约的新表达

苗族古歌、古理等传统教化型生态榔约不仅承载了大量宝贵的生态知识、生态经验，其所蕴含的"人与自然和谐共生"的生态伦理也与当下中国生态文明建设的核心理念不谋而合，继承发扬这一优秀传

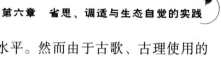

统无疑有助于提升村民的生态意识水平。然而由于古歌、古理使用的是苗族传统古调和古词，与日常生活用语截然不同，而且纯粹依靠口传心授，因此随着老一辈传承人的离世，以及新文化的强力冲击，古歌、古理已面临生存危机，更遑论其教化功能的发挥。虎河村在充分萃取古歌、古理生态思想内核的基础上，赋予其贴合当代村民文化认知特点的表现形式，收到了良好的教育效果。

其一，将古歌、古理中的内容编成诗歌、谚语、顺口溜等形式，传颂一些生动有趣的民间故事，宣扬传统生态知识和伦理。例如"江山是主人是客""人怕落头，树怕断尖""千年劲松，护佑苗寨""坡上草木多，水田不干枯""毁林开荒，农田遭殃"等谚语，以及蕴含农作规律的《春之歌》《全年叙事歌》《吃新歌》等，就是部分地吸取了苗族古理中的内容编制而成。再如民间流传的《四兄弟争天下》《姜央和雷公》《人跟老虎做儿子》等民间故事，也体现了苗族古歌中人与万物同宗共祖、平等共生、互利互助的生态伦理。这些故事、歌谣、谚语既在日常休闲的间隙得到传颂，也在集体仪式场合诵唱，其中蕴含的生态知识、精神理念等得到了较好的发扬和传承。

其二，以广播、横幅、标语、贴画、警示牌、宣传册等为新的载体，古歌、古理所宣扬的生态思想融入现代乡村生态文明建设。例如，在当代乡村生态保护过程中，虎河村根据美丽乡村建设和乡村振兴战略的要求，结合村庄实际，以议榔的传统方式制定了《文明公约》。除了在寨门处张贴以外，还分发到各家各户。《文明公约》的内容中就有"绿化家园、美化村容、卫生环境、讲究保护、规范用火"等事项。再如，村广播在日常宣讲中加入了生态农业技术讲解、环境卫生保护办法等内容，有效吸引了人们的注意力，扩大了生态教育的覆盖面。

其三，注重正向激发村民保护生态的积极性，增设奖励型规约。例如对环境卫生保护的先进户、先进个人进行补贴和奖励；对自觉维护山林、绿化的个人和家户进行表彰、给予政策倾斜等。这种正向化激励措施有利于进一步调动村民保护生态的积极性。

（二）惩戒型生态榔约的新转化

传统惩戒型生态榔约尽管在形式上表现为民间规范，但在实质上却具有"法"的属性。其从制定到执行的一系列环节都是在村寨内部完成的，对人的财产、身体甚至生命的剥夺也都由村寨自主裁量和执行。而这一点明显与现代国家法治的基本精神和要求相悖。此外，在实际裁量过程中，传统的惩戒方式带有重罚、裁量标准模糊等缺陷，应用到现代村庄治理之中仍需进一步权衡和完善。虎河村辩证地认识到了传统惩戒型生态榔约的上述特点，对其加以修改和完善，通过批判继承促成了传统惩戒型生态榔约向合法、合理的新型"罚则"的转化。《村规民约》与护林碑约即是典型代表。

《村规民约》是关于村庄总体管理的规约，也是最具惩戒力度的规约。虎河村《村规民约》的独特之处在于它将生态保护与环境治理的内容广泛地纳入其中，并对各项破坏生态的行为作出细致、可执行的罚则规定。该《村规民约》自1982年产生以来经历了四次修订，每次修订时村民都要重点讨论关于保护生态和环境的条款，因此无论在哪一时期、哪一版规约，关于生态资源与环境保护的条款均占据了很大的篇幅（表6—2）。就具体内容而言，首版规约着重针对当时的山林乱砍滥伐问题，后续三版规约则依据时代背景的变化加入了山林火灾防范、水资源保护、田土资源保护、环境卫生管理等内容。

护林碑约则是专门针对山林资源保护的规约。该规约篆刻在石碑上，立于虎河村寨头的千年古松群中，可谓是传统苗族埋岩立法的现代传承。内容上，护林碑约共计八条，对如何利用山林做出了详细规定。一方面，允许村民合理有度地取用林草资源，规定了每次可取用林草资源的最高限额；另一方面，列出了破坏山林的几种行为与惩罚细则。

表6—1　　　　　　　《虎河村村规民约》各版条款统计

条款	第一版	第二版	第三版	第四版
林木资源保护	8	10	13	13
山林火灾防范	2	4	4	4
水资源保护	2	4	5	5
田土资源保护	—	5	6	6
动物资源保护	—	2	2	2
环境卫生管理	—	4	9	11
总计	12	29	39	41
资源与环境保护条款占总条款比例（％）	70.6	64.4	67.2	68.3

注：依据虎河村各版村规民约整理而得。

村规民约与护林碑约集中体现了惩戒型生态榔约的新转化。首先，新型生态规约以《中华人民共和国宪法》《中华人民共和国村民委员会组织法》等国家法律法规为制定依据，规约内容符合国家法治的基本要求。在现代生态规约中，传统的"游场"羞辱刑，以及一些危及身体安全的刑罚都已剔除。当违规事件超出村委会处置能力范围时，转由国家相关部门处理。例如，在山林保护规定中，对于不按照采伐证指定数量而"大砍、乱砍山林的，由林业部门按有关细则处理"；对于"毁林开荒、放火烧山，情节严重的，移交司法机关，追究刑事责任"。在水源保护规定中，对于"破坏、污染水源的，视情节轻重报送公安机关，追究法律责任"。

其次，新型生态规约中的处罚措施灵活多样。具体来说，有罚款、罚"4个120"、罚"警醒教育餐"、孤立等多种方式。罚款是最为常见的处罚方式，因而标准也最为精细，这一点将在下文具体呈现。罚"4个120"继承自传统榔规，是针对引发山火者的惩罚，规定"违反者付一头猪（120斤）、米120斤、酒120斤、鞭炮120斤和一只鸭洗寨"。罚"警醒教育餐"针对的是严重污染水源者，规定

"违规者负责洗塘，负责全村警醒教育生活一餐（3600元人民币）"。孤立针对的是"破坏与侵占风景树、私埋损毁界碑"的，规定"把他家当外村人，他家有事全村不得帮忙"。由此可见，村庄从物质和精神两个方面惩罚村民的违规行为，既对违规者本人起到了惩戒作用，又对其他村民起到了警示、震慑的作用。

第三，新型生态规约充分结合地域实际和村民的生产、生活习惯，条文设计精细，可操作性很强。最为典型的是对森林资源保护的规定。例如，《山林管理碑约》中对偷伐、滥伐林木行为的处罚，所砍的树种、数量不同，处罚标准也不同。"有意砍桥或村边风景树，每刀罚150元；偷扛杉、松等原木，一节罚款100元；偷砍一根竹子罚款100元；偷砍柴火的，捉拿一次罚50元（不论数量多少）"。

对于水资源、田土资源等的保护也形同此理。例如《村规民约》中针对水源安全问题，按照"投粪便、投毒物""放牲畜进山塘洗澡""人擅自在山塘洗澡"三种不同类型分别处以5000元、1000元和500元罚款。针对田土资源保护，规定"割田坎，上2.5丈、下1.5丈（指靠山或独丘），栽有茅草情况，在不影响稻秧成长的前提下，上坎以1.5丈，下坎以5尺。土边，上割1.5丈，下割5尺，道路水沟，上6尺，下3尺，小道小溪看事来行"。对过度割田坎、割茅草的行为按照"影响稻秧成长""影响田土四周草、杉、松、木""影响小道小溪"这三种由内及外、不同范围内的破坏，视其破坏程度处以300—500元的罚金。

由此可见，无论是教化型还是惩戒型的生态榔约，在新时期都实现了调适转型，与现代乡村生态文明建设相谐相融。新型生态规约很少有官方口号式的宣传用语，而是将大量的地方性知识提炼、转化上升至合理规范的高度，化入村民的生活日常，有效约束和规制着村民的行为。

第二节 生态产业的成长与发展

一 能源生态化建设

能源生态化建设是发展现代农业、推进新农村建设的中心环节之一，也是建设资源节约型、环境友好型社会的关键举措之一。在探索现代农业、农村的发展过程中，虎河村坚持以沼气建设为焦点，从依靠政府帮扶修建沼气，转向自觉自主、多方筹措加强沼气工程建设，率先实现了全村用能沼气化，成为全县乃至黔东南沼气建设"第一村"。

在阐述虎河村现代沼气能源建设的实践之前，有必要简单回顾其沼气利用的历史。在历史与现代实践的对比中，能够发现虎河村沼气建设从"被动"到"主动"的转变。

虎河村早期的沼气建设主要受到了爱国卫生运动的推动。正是在村庄卫生的改造过程中，尤其是在改厕、改圈运动中，沼气工程逐步试验并推广开来。20 世纪二三十年代，虎河村因环境卫生状况恶劣成为雷山县出了名的"疫病窝"。在 1928 年暴发的一场霍乱疫情中，村庄损失了近三分之一的人口。[①] 此后各种疫病不断，村民生命健康直面威胁。中华人民共和国成立后，中国共产党派遣土改卫生工作队进入雷山，帮助当地村民改善环境卫生状况。紧接着，全国范围内的爱国卫生运动也轰轰烈烈地开展起来。在接二连三的卫生治理运动中，虎河村这个"疫病窝"首先成为被治理、被改造的对象。1952 年，虎河村在土改卫生工作队的指导下展开了以管水、管粪、改水井、改厕所、改畜圈、改炉灶、改造环境为主的"两管五改"运动。在改厕、改圈运动中，村民首次接触了垃圾、粪便的高温堆肥处理法，对

---

① 雷山县地方志编纂委员会办公室编：《雷山县志》，贵州人民出版社 1992 年版，第 728 页。

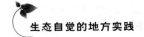

于处理粪污有了新的认识。

　　"两管五改"运动过后，村民发现新式厕所存在人工清理不便的问题，村中民办教师出身的余师傅精于钻研，自学技术、自办沼气池，收到了良好的效果。余师傅首先在自己家里修建了两个沼气池，试验发酵效果。其他村民纷纷前来参观，一来二去，全村人都知道了"村里搞了叫沼气池的东西，能冒气、能点灯、能堆肥"。（2015 年 8 月，虎河村村民文金学访谈）虎河村自办沼气池的事情引起了县里的关注，县人防办主任在赴村勘察之后觉得很有利用价值和提升空间，将虎河村作为卫生运动的表率和典型上报。很快，上级政府作出了批示，对虎河村自建沼气池十分重视，在全县通报表扬的同时给虎河村拨发了专门的款项，用于鼓励和资助村民建设沼气池。得到认可的虎河村开始小规模建设沼气池，由余师傅设计和选址，村民出工出力，在全村三个生产小队中每队建设了一个沼气池。到了 20 世纪 60 年代中期，虎河村作为爱国卫生运动的表率接受了《贵州日报》的采访。随后，黔东南苗族侗族自治州在虎河村召开全州农村卫生工作现场会，总结推广虎河村的经验。

　　然而好景不长，全国性的"文化大革命"运动铺天盖地地席卷而来，"带头开荒""带头办沼气"被批作"走资本主义路线"，虎河村的沼气池也被当作"资本主义尾巴"割掉了。迫于此，虎河村沼气建设和使用全面停止。

　　　　"文革"的时候，搞沼气是被批斗的，说是资本主义路线。
　　　我们村的技术家也不敢再干，因为当时说要割掉资本主义尾巴。
　　　那时候村里的沼气都停了，村里人又上山砍柴拿去烧火，粪就拿
　　　去露天堆肥。老百姓其实还是觉得沼气好，有肥用不说，还可以
　　　拿来烧气灯。村里没通电的时候我们就搞了沼气了，就不用烧油
　　　灯，可以搞那个气灯来烧，很方便。（2015 年 8 月，虎河村原村

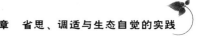

主任杨文访谈）

"文化大革命"结束以后，中国迎来了改革开放的新时期，虎河村沼气能源建设也迎来了新的阶段。一方面，村民自发地要求恢复沼气使用。改革开放以后，家庭联产承包责任制的实行大大提高了村民的农业生产积极性，手中掌握了土地的村民想方设法地养地、用地，期待增加收益。村民仍然记得过去使用沼液、沼渣肥地的种种好处，政策放开以后，村民自然而然地从其"经验库"中调出，要求重新使用沼气。另一方面，国家对沼气建设的支持和帮扶促成了虎河村的沼气工程"再建设"。1979 年，国务院成立了全国沼气建设领导小组，认真总结以往沼气工作中的经验教训。[1] 1980 年后，国家组织 1700多名沼气技术工作者，对沼气关键技术进行协作攻关，提出了"因地制宜、坚持质量、建管并重、综合利用、讲求实效、积极稳步发展"的沼气建设方针，并从国家到省、市、县、村建立起了一套沼气管理、推广、科研、质检及培训体系，大力推进我国沼气的稳步、健康发展。[2] 虎河村是黔东南沼气利用"第一村"，自然受到雷山县的重视，县能源办公室派遣技术过硬的科技人才来到虎河村进行指导，帮助村民改造、修建沼气池。与此同时，村中的技术精英也积极参与到沼气工程建设中，一边钻研学习新技术，一边同科技人员一起帮助村民建造沼气池。在各方的不懈努力下，至 20 世纪 90 年代初，虎河村的沼气入户率已达 30%。

与以往不同的是，新时期虎河村由依靠政府帮扶修建沼气，转向自觉自主、多方筹措加强沼气工程建设，率先在全县乃至黔东南地区实现了村庄用能方式的改变。自 20 世纪 90 年代中期以后，虎河村因

---

[1] 程胜：《中国农村能源消费及能源政策研究》，博士学位论文，华中农业大学，2009 年，第 47 页。

[2] 王义超：《中国沼气发展历史及研究成果述评》，《农业考古》2012 年第 3 期。

沼气利用而成为名副其实的"明星村"，声誉日隆，屡次接待前来参观的政府、媒体等。1994 年，黔东南苗族侗族自治州人民政府官员前来视察，颁予虎河村"农村节能先进单位"的光荣称号。1997 年，中央电视台新闻记者不远千里赶来虎河村，采访报道沼气节能推广情况。1999 年 8 月，加拿大两位女士千里迢迢赴虎河村考察沼气生活节能推广情况。虎河村也积极利用这种极为重要的社会声誉加强沼气工程建设，一方面向外接触更多的公益组织和社会组织，主动寻求社会资助和支持；另一方面向内鼓励、教育和组织村民自筹钱物、自发投入，提高村庄沼气的入户率和利用率。经过多方努力，虎河村筹得某基金会的资金 1 万美元，在此基础上又自筹 77350 元，于 1999 年改进完善 17 口沼气池，新建 85 口沼气池，实现了户用沼气 80% 以上的覆盖率。时至今日，虎河村的沼气入户率已经达到 97%，可以说基本实现了沼气利用的全村覆盖。

二 农业生态化转型

在农业发展步入新阶段，农村建设进入新时期的当今社会，虎河村确定了"生态立村"的发展思路，实现了其传统农业向现代生态农业的转化。具体来说，村庄一方面以沼气为载体和纽带，建立了"畜—沼—菜"种养结合的生态循环农业模式；另一方面深挖稻鱼共生综合种养农业的潜力，推动传统农业的新升级。

（一）以沼气为纽带的生态农业发展

沼气是村庄的一张生态"明信片"，然而对于如何将其转化为村庄发展的"王牌"，虎河村颇费了一番脑筋。起初，村庄走的是庭院式的生态农业发展道路，即农户在发展沼气的过程中带动房前屋后的种植、养殖活动。在这种模式中，家养畜禽以及人的粪便作为沼气发酵的原料，所产生的沼气代替薪柴作为燃料供日常生活所需，沼液、沼渣作为肥料用于粮食以及果蔬种植。在实现节能环保的同时，村民

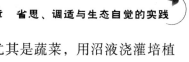

依靠出售果蔬获得了额外的经济收益。尤其是蔬菜，用沼液浇灌培植出来的蔬菜口感鲜美，品质健康，每每挑到集市上售卖，尽管价格相对较高，仍被抢购一空。但这种模式仅限于分散家户的日常农业生产，并不能产生规模效益。因为虎河村畜禽养殖的一环比较薄弱，不仅沼气发酵所需的原料偏少，所产出的沼肥也不足，不能支撑更大规模的果蔬种植。

针对此种情况，虎河村经过千思万索，决定跳出庭院经济的模式，向村庄"养殖—沼气—种植"三位一体的方向转型。村庄首先于2014年成立了生态农业合作社，将农户组织起来，搭建农户与市场对接之间的桥梁。合作社在成立之初就吸收了近半数的农户入社，其中就有30户贫困户。合作社下设有种植和养殖的专业分部，此后又增设了生态旅游和苗绣发展分部。

继而，村庄集中在"养"的一环上下功夫。经过多番考察，虎河村先后确定了养猪和养鹅的计划。在养猪方面，村庄与黔森生态产业开发公司合作，采用"公司＋合作社＋农户"的订单农业模式，试点黑毛猪养殖。2015年5月，经虎河村同意，黔森公司在村内征用了20亩土地建成黑毛猪养殖基地。继而首选10户养殖示范户试点黑毛猪养殖。在养殖的全过程中，由公司与合作社进行洽谈对接，由公司与合作社统一对农户进行标准化养殖培训、管理和监督。2016年底，虎河养殖的第一批黑毛猪出栏，平均每头生猪的收购价格近5000元，是普通生猪价格的2倍多。为鼓励农户养殖，合作社与公司商议后，提出继续养殖的农户，第二年生猪收购价格在市场价的基础上每斤提高5元钱。在这种丰厚利润的刺激之下，虎河村很多农户跃跃欲试，积极准备修建、翻新猪圈，参加黑毛猪养殖培训，虎河村的养殖前景一片大好。

2017年，虎河村继续探索养殖发展之路，将目光瞄准了养鹅业。在筹集了10万元集体资金建成养鹅基地后，村庄与掌排水库养鹅基地达成合作，采取"合作社＋农户"的方式，吸收20多户农户进行养殖。鹅苗和养殖技术均由养鹅基地统一提供，成鹅可由养鹅基地回收，也可由合作社统一售卖，销路方面没有后顾之忧。在第一批1600只成鹅出栏售卖后，合作社获得收入8万元左右，分红后社员收入显著增加。

图6—1 虎河村生态合作社办公室

值得注意的是，虎河村在搭建"养"的环节时就已兼顾到"种"的环节，为保持其无公害农产品的生态特性，村庄在选择养殖品种和合作方时也十分慎重。以其黑毛猪养殖为例。虎河村之所以发展黑毛猪养殖，正是瞄准了其具备"生态基因"和"生态养殖"的特性。

一是黑毛猪本身是雷山县珍贵而独特的传统生态猪种。早年苗族人民购买猪种的条件有限，外地猪种有时也很难适应雷公山地区的环境条件，于是苗族人民经过长期选种、选育，在山岭之中培育出适应

图6—2　虎河村生态养鹅基地

当地环境条件的黑毛猪。随着科技的发展，提纯、复壮技术应用到更加优质的二代黑毛猪培育过程中，在保持其基因纯正的同时提高了猪种的品质。雷山黑毛猪在2016年还获得了国家"生态原产地保护产品"的证书。因此从猪种本身来看，黑毛猪本身就已经具备了"生态"的特质。

　　二是黔森公司始终坚持的是生态养殖办法，提供给农户的也是生态养殖技术，而这直接关系到虎河村生态种植的环节。虎河村村主任杨清道出了其中的原委。

　　我们村因为沼气这件事还是名气很大的，很多养殖公司也找过我们，但是我们不是随便选的，也不是看哪个给钱多就选哪个。我们村从很早的时候种的就是生态蔬菜，不管是自己家吃还是拿去卖，都是拿沼液、沼渣种出来的，是一个品质的。那是自家养的生态猪、用生态肥的结果。如果选了垃圾猪、化学饲料猪，它排的那个粪也就有了化学成分，种出来的菜就不是生态的了，那就是砸了自己的招牌。（2015年10月，虎河村村主任杨清访谈）

黔森黑毛猪的生态养殖技术满足了虎河村的要求。在黑毛猪喂养上，公司坚持绿色饲料、熟食饲喂，坚决不产"速生猪""垃圾猪"。公司有一套独特的饲料配比方案，基地和养殖示范户都必须坚持这套喂养方案。即猪饲料以玉米面、豆饼和麦麸面为主，以约2：4：1的比例混合，掺杂猪菜、南瓜、红薯等，杜绝添加任何激素和化学物质。玉米面、豆饼等饲料由公司统一检验后提供，青饲料则由基地和农户自行种植和制作。在放养方式上，每天按时驱赶黑毛猪在山岭中跑动，以提高猪肉的品质。在检验防疫方面，黔森公司统一定期检查并提供药品，但也保证药品中不含抗生素、激素等物质。坚持这种方式培育出来的黑毛猪被称为"无激素、无病毒、无污染、无抗生素、无农药残留、无任何添加剂"的"六无"产品，也正是这种特性才吸引了虎河村与公司进行合作。

养殖业获得发展的同时促进了村庄户用沼气的进一步建设。在养殖示范户中，沼气发酵原料比原先增加了一倍以上，农户有能力建立起"一池带两小"的模式，即一个沼气池，带一个小猪圈、一个小菜园，提高了家户微小型生态农业的生产能力。而为照顾到全村沼气的发展和利用，村庄还与养猪和养鹅基地达成了粪污处理、使用的协议。养猪基地负责修建储粪棚，由工作人员每日清扫、拖运、晾晒猪粪。少部分粪便用于养殖基地种植青饲料所用，其余大部分无偿供给村民使用。养鹅基地所产生的粪便则直接供给社员使用。如此一来，全村村民不再受到沼气发酵原料不足的制约，沼气的纽带作用也得到了更好发挥。

持续不断的沼气发酵产生了充足的沼肥，显著提高了村庄特色农产品种植的质量和效益。虎河村由于沼气发展比较早，村民有利用沼肥种植果蔬的传统。其中沼液可以直接用于粮食、果蔬的叶面施肥，增加植物的抗逆能力和抗病虫害能力。沼渣则可以做底肥，增加土壤的团粒结构，改善土壤的微环境，对于农业生产益处无穷。但是一直以来，由于沼肥供应有限，再加上没有人带头组织，村民都是"单打独斗"，"谁家剩的菜多，谁家就拿去换钱，没有剩的就另找别的活路换钱"（2015 年 10 月，虎河村村民陆天文访谈），蔬菜培植并未形成规模。如今在沼肥充足的情况下，虎河村也考虑将农民组织起来，将土地整合利用，发展特色农产品种植。2014 年，村庄在合作社下的种植分部试行果蔬种植、运销的专业合作之路，重点发展特色小白菜的种植。采取"合作社 + 农户"的方式，由农户分散种植，合作社实行"统一供种、统一管理、统一销售"。在蔬菜培植过程中，合作社坚持生态、绿色的一贯理念，杜绝使用化肥和农药，利用沼液和沼渣，聘请专业人员对合作社成员统一进行施肥、除虫等先进技术指导。蔬菜长成时，将零散农户的蔬菜统一收购贩卖，再依据各人实际情况统一分配红利。此种方式解决了农户对技术、管理、销路、市场等的困惑和难题，显著提高了农户进入市场的组织化程度。合作社成立当年，虎河村生态蔬菜上市 6 万多斤，总收入达 10 万元左右。此后年年蔬菜接单不断、供不应求，雷山县的许多超市、菜场都点名要虎河村的蔬菜。

由此可见，虎河村以沼气为纽带链接起"种"和"养"的环节，将村庄的"废物"（粪便、垃圾等）转化为了"能量"（燃料、肥料），在保护了村庄生态与环境的同时促进了生态循环农业的发展，促成了农民增产增收，实现了经济、生态与社会效益的三方共赢。

（二）"稻鱼工程"带来经济生态"双赢"

稻鱼共生农业生产模式是苗族人民在长期适应自然的过程中创制

的一种独特的农业生产方式。传统的稻鱼共生农业只为满足口粮所需，放养的鱼苗随农户个人喜好决定，"喜欢多放一点就多一点，但是最多一年养300尾，不拿去卖，自己吃或者招待客人"（2015年8月，虎河村村民余广福访谈）。但随着生产和生活水平的逐渐提高，村民不仅仅满足于"填饱肚子"，也要求"填满钱袋子"，于是村民结合现代农业科技，进行了稻田养鱼新办法——"浅稻深鱼"法的试验。结果证明这种办法不仅能够保证稻米与田鱼的质量不变，还能在水稻不减产的前提下极大地提高田鱼的产量，实现了稻田养鱼的新发展。

传统的稻鱼共生办法实现了稻田内小生态系统的良性循环，但水稻与鱼毕竟是两种生物属性截然不同的物种，难免出现人们常说的"相生相克"的情况。其一，稻鱼在不同的生长阶段对田水环境有着不同的需求。这在晒田环节表现得最为明显。水稻生长有一个十分重要的晒田环节，即在插秧一个月左右进行排水晒田，以增加土壤的含氧量，抑制水稻无效分蘖，集中调整秧苗的长势。但鱼喜欢深水、低温的环境，晒田无疑会影响其生长。其二，水稻在施肥用药期间，水环境对鱼的活动会造成影响。传统时期，苗族人使用粪肥、绿肥等维持水稻生长的能量所需，采用烟熏、人工捉虫等物理办法解决虫害，因此稻田水环境并未对鱼的生长造成不利影响。随着科学技术的发展，工业产品特别是化肥、农药在农业上广泛应用，稻田水环境发生了截然不同的改变，当水中的化学物质积攒到一定程度时就会危及鱼类的生存。

为了使稻鱼能够更好地共存共生，获得稻、鱼双丰收，虎河村与县农推站展开合作研究，在河坝田试验"浅稻深鱼"式的稻田养鱼办法。所谓"浅稻深鱼"，是指在稻、鱼经济价值并举的前提下，仿效池塘养鱼的环境，在稻田内为鱼类创造一个固定的、适合鱼类生存的小环境，克服稻、鱼共利生存期间所存在的不利因素，保留水稻栽培区的浅水生态环境，确保稻和鱼的高产、稳产。[①] 虎河村位居半山腰，多数梯田依山而建，少数田地在河坝地区。河坝区地势平坦，土壤肥沃，是虎河村先民最早开田的地方。在修田开荒的同时，先民们在田边围建了一些小坑、小荡用来养鱼。正是这些小的鱼荡启发了村庄试验"浅稻深鱼"的想法。

> 稻田养鱼历史就有、古代就有，只要有水稻就放鱼，这是一种习惯。但是以前都是乱放一下，不指望它卖钱，就拿来自己家吃一下。我们村河坝这里的田比较特殊一点。我们寨脚那里有条河，过去老人（虎河村先民）在田边挖了一些小坑小荡，是老人专门开出来在田里养鱼的。那里的稻子水浅、鱼荡水深一些，稻子和鱼都长得好。我们就想能不能把这个小坑、小荡挖大一点，多养一些鱼呢？这个技术我们自己没有，就跟县农推办反映。县里有这个技术，就在我们寨脚的一块田里做了试验。（2015 年 10 月，虎河村支书杨忠访谈）

县农推站的李主任仔细道出了实施"浅稻深鱼"法的原委。

> 这个"浅稻深鱼"法呢不是我们发明的，是江浙地区稻田养鱼实践中经过多次实践的一项技术。八九十年代的时候，这项技术在我们这里也开始推广。但是我们这情况特殊啊，山上的田想要挖鱼荡是不现实的，会把田底挖穿，就漏水漏肥了。鱼塘里的水又太深，不可能种水稻。所以老百姓一直都是自家田里乱放点鱼，不成规模。后来虎河村寨脚的那块田条件比较好，村里人也主动配合，我们就派技术人员在那里做了试验，希望可以达到增

---

① 樊祥国等编：《稻田养鱼实用新技术》，中国农业出版社 1996 年版，第 34 页。

效的这么一个稻鱼养殖的目的。（2015 年 8 月，雷山县农业局农推站李主任访谈）

2016 年，在河坝田原有的小鱼荡的基础上，虎河村开始实施"稻鱼工程"。具体来说，先是进一步扩大鱼荡的面积，使之变成一个占田地十分之一面积、深 1.5 米的小池塘，高密度放养鱼苗。之后开挖环沟，加高加固田坎，安置进排水设施。整好田后，每亩田中放养 150—200 尾鱼，以鲤鱼为主，掺杂少量草鱼。其次，在稻鱼共生过程中，改进养鱼稻田的施肥用药技术和方法。调整肥料结构，使用沼液、沼渣等有机肥，正确掌握施肥用量，比常规田减少 10%—20% 的施肥量。选用沼液、酵素或高效低毒性的农药。在施肥用药期间，引导鱼类进入鱼坑，与大田相隔离。经过这样的调整建设，田中鱼类的活动空间增多、增大，鱼、稻、水三者之间的矛盾解决、关系协调。

到了验收成果之时，虎河村喜获丰收。经过测算，"浅稻深鱼"法的稻鱼共生田每亩田收获了 200 多斤鱼，是普通稻鱼共生田鱼产量的七八倍之多。由于以草、虫、稻花为食，没有投喂任何饲料，也没有遭受高毒性的化肥农药侵害，因此田鱼质量上乘，鱼肉更加鲜嫩，市面出售价格高达每斤 30 元，供不应求时可达到每斤 50—70 元。如此计算下来，每亩稻田仅田鱼的收益就在 6000 元以上，这对于"从来不指望田鱼赚钱"的村民来说可谓是一笔"巨款"。在此后的生产实践中，虎河村在有条件的田块中实施"浅稻深鱼"养殖法，村民收入有了明显的提升。

三 生态旅游业的发展

在现代化语境下，发展生态旅游、民族风情文化游等已经成为民族地区的后发优势，助推民族地区实现脱贫致富。雷公山地区自然生态资源丰富，苗族传统文化保存完好，联合国教科文组织曾到此地调查，称其为"当今人类保存最完好的一块未受污染的生态、文化净土"。雷山县作为雷公山地区的核心，因独特的地理环境和历史渊源，至今仍然保持着建筑、服饰、歌舞、习俗、节日等的浓郁原生特色，民族文化遗产十分丰富。据统计，雷山县包括芦笙制作技艺、银饰锻制技艺、吊脚楼建筑、苗绣、苗族贾理等在内的 13 个项目获得国家级非物质文化遗产，16 个项目获省级非物质文化遗产，70 多个项目获得县级非物质文化，成为全国获得国家非遗文化项目最多的县份。在此盛名之下，雷山县民族生态旅游被纳入国家旅游局规划，括入桂林至三峡国际旅游黄金线中心地带，以及凯里至黎平国际苗侗民族风情线旅游核心圈，形成"一山（雷公山）两寨（西江千户苗寨、郎德上寨）一线（巴拉河沿线）"的旅游发展格局。虎河村恰好位于巴拉河沿线，村庄自然生态与文化生态保持完好，民风淳朴，又享有"全国卫生模范村""绿化千佳村"的美誉，因此成为雷山县旅游的重点开发村寨之一。在全县旅游发展的带动之下，2016 年起，虎河村以生态农业观光游、民族节日风情游为主打品牌，开始发展民族生态旅游。

与别的村寨建农家乐、跳芦笙舞招揽顾客的做法不同，虎河村首先发展的便是生态农业观光游。虎河村对其村庄发展定位有着清晰的认知，认为生态是其发展特色，以生态为基础来发展旅游既不能"冷冻"也不能"融化"其独有的特色，而是要取其中道，在保护中进行开发。基于这种认知，虎河村首先选择了改动幅度最小的生态农业观光游作为其宣传品牌，利用其独特的梯田景观、农业经营模式的特色、农产品的生态特色等吸引游客前来观赏和体验。

2016 年起，虎河村开始进行旅游设施建设。在建设过程中，虎河村有取有舍，在坚决不破坏原有田园景观和村寨建筑的基础上，对村寨进行适度改造。2016 年，村庄申请到"四在农家""美丽乡村"项目的资助资金共计 210 万元，完成了村寨大门、凉亭、停车场、道路护栏、路面硬化、路灯安装等多项设施建设。2017 年，虎河村以招商引资的形式引进贵州风华丽廷文化旅游投资有限公司进行投资，在不破坏原有房屋外貌的前提下，改造现有 2 所家庭住房的内部为民宿客栈，并新建艺术写生基地一处。

2017 年 5 月，虎河村村寨整修美化完毕，面向游客开放，游客可体验的生态农业游项目主要有以下几种。

其一，田园自然风光游。虎河村群山环抱，植被茂密，空气清新，环境优美，一年四季都有不同特色的景观。游客可体验不同时节的景色变幻，观赏天然梯田的独特景观，以及村寨自成一体、具有浓郁民族风情的建筑景观。此外，游客可参观种养结合农业示范区，直观地看到由沼肥浇灌出来的蔬菜，感受生态农业的魅力。

其二，农耕体验游。虎河村专门预留一片水田供游客体验农耕劳作，在此处，游客可以下田摸鱼、犁田农耕，还能够上岸种菜、摘果、捉鸡，享受田间劳作单纯而美好的乐趣，释放工作与生活的压力。劳作之后，游客可以将辛苦所得的鱼、鸡、菜、果等带回民宿，自行烹饪，享受美食。

其三，认养农产品。2018 年开始，虎河村在旅游中发展了新型的认养农业。即在游客和村庄之间达成协议，由游客组团或单独预付500 元定金挑选认养一头生态黑毛猪，领取认养卡，饲养生猪的工作则交给村庄，村庄保证以生态养殖的方式饲养十个月以上。待到生猪出栏后，按照"净重×市场价"计算价格，顾客只需交付扣除定金后的余款即可。按照顾客的要求，村庄或宰杀后运送生肉，或制成腊肉、腊肠等送到顾客手中。

在一些苗族节日期间，热情好客的虎河村也不会拒绝客人们的到来，游客可参与其中，体验苗族传统节日的文化特色。苗族传统节日众多，一年到头大大小小的节日加起来总共有 10 多个，几乎月月都有节日举行。每逢过节，苗族人民必定载歌载舞，全村共同庆祝。村庄生态旅游发展起来以后，有的游客到来的时节恰逢节日，村民会将游客当成自己的亲属，嘱以注意事项之后，邀请他们参与全村共同的庆祝。笔者曾有幸体验虎河村的吃新节和姑妈回娘家，与笔者一同在村的还有几位陌生的外来游客，而虎河村村民都没有与笔者生分，敬酒、唱歌、跳芦笙、共餐等节日传统活动项项邀请笔者以亲属的身份参与其中，没有丝毫的排外之情。但是虎河村也始终坚持一点，即游客可以参与其民族节日，但村寨绝不会为了游客而"坏"规矩、"造"节日。

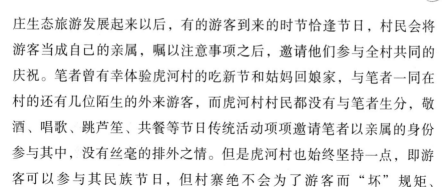

> 有些旅游发展很好的地方啊，比如西江、郎德那边，他们已经有点太商业了。我们苗家人，什么时候要跳芦笙，什么时候要过节，什么人能去祭祖，都是有忌讳的。他们（西江苗寨、郎德上寨）那边为了满足客人需求，已经不顾这些了。客人想看，就跳；客人来得多，还没到过节的时候，为了揽客，就可以改时间过节。前些年，西江那边过牯藏节都可以改时间，这个在我们过去那是坚决不允许的，要坏事的。过节的日子都是寨老、鬼师他们查了苗历，算过了之后定下来的，怎么能说改就改呢？我们虎河村是不做这些的，不能坏规矩。（2016 年 11 月，虎河村村民欧敏访谈）

截至 2017 年底，虎河村发展生态旅游初获收益，年接待近万名游客，年收入达 15 万元左右，给村庄带来了丰厚的利润回报。

在发展村庄生态旅游的过程中，虎河村的苗绣也成为特殊的旅游商品，走出了大山，惊艳了世界，绣娘们用针线为家庭和村庄带来了极大的收益。苗绣号称是苗族人民"穿在身上的史诗"，灵巧聪慧的苗族妇女利用针线将其氏族图腾、生活环境中自然界的万般物象，甚至苗族祖先的迁徙历史等都幻化成图案纹样，缝制在布料之上，表达内心情感的同时提醒子孙尊崇祖先，铭记历史。在过去，上至八十老妪，下至垂髫小女，都会穿针走线，染布刺绣，但随着时代的发展，苗绣老人逐渐离世，年轻妇女放下针线外出打工以贴补家用，苗绣面临失传的危机。而在虎河村，苗绣并没有失传的担忧，村庄的自觉重视、政府的扶持以及旅游宣传都很好地促进了苗绣的发展与传承。

虎河村的女性几乎人人都是刺绣高手，在村主任杨清的带动之下，村庄于2014年成立了刺绣合作社，并与雷山县榜金布绣姑合作社结盟，成为其重要的生产基地。村主任杨清早年在外游历、打工数年，积攒了丰富的经验，对于村庄发展看得更为长远。

早些年我在浙江、上海那一带打工，做些银饰加工之类的活路，外边对我们苗族的银饰啊、刺绣啊都很感兴趣。现在国家倡导文化发展、文化保护，对我们苗族也很重视，我们应该抓住机会，推广我们的苗绣。（2015年10月，虎河村村主任杨清访谈）

过去虎河村妇女刺绣基本满足自家需用，偶有时间做些多余的绣片、衣服到集市上售卖，刨去布和绣线的成本，纯收益也很少。

大家手上都有刺绣这个手艺，有的绣的特别好，不拿出来赚钱太可惜了。但是我们村妇女文化程度普遍比较低，有的连学也没上过，你叫她开店，那里面东西又多得去了，她又弄不懂，学不来。我就想着就在村里把大家整合起来，成立合作社，由村集体来运作，成员只管做绣活、拿分红。（2016年11月，虎河村村主任杨清访谈）

经过多番考察，2014年4月，虎河村成立了苗嫂刺绣合作社。合作社拥有60多名中青年绣娘作为刺绣骨干，5名老年绣娘作为刺绣指导，还在逐渐培养 25 岁以下的青年、少年绣娘作为接班人。合作社采取订单生产模式，根据客户的需求定制服装、绣片等。订单所得利润的 3% 纳入合作社基金，供日常运营、统一购买原材料等所需，其余收入分配给合作社成员，绣娘按工作量取酬。

合作社成立之初，接到的订单并不多，只接到雷山县、黔东南州一些零散的绣片订单，年接单额在 4 万元左右。而在村庄生态旅游发展起来以后，虎河村苗绣几乎"一夜成名"，不仅订单量猛增，知名度也大大提升，甚至走出国门、走向世界。2016 年虎河村生态旅游发展逐渐成形，游客往来频繁，虎河村借机进行苗绣展示，吸引游客的关注。起初只是展示一些绣片、服装，后来经过组织筹备，虎河村创新举办了首届"绣娘节"，吸引了众多游客和其他村寨的参与。"绣娘节"为期 6 天，以苗族传统的十二道拦门酒开幕迎宾，之后进行绣作的展览和拍卖。其中，由虎河村村民欧敏耗时 8 年，采用平绣、打籽绣、马尾绣等多种绣法绣制的一幅《清明上河图》喊出了 48.888 万元的拍卖天价，令游客叹为观止，离开村庄后也不忘宣传。虎河村苗绣在游客中树立了良好的口碑，同时也吸引了媒体和一些公益组织的关注。2016 年 6 月，《嘉人》时尚杂志走进虎河村，拍摄关于苗绣与时尚结合的创意宣传照。随后不久，中国宋庆龄基金会、嘉人女性基金会来虎河村，就苗绣进行发展指导和扶持。2016 年 11 月，联合国开发计划署开展促进少数民族地区女性赋权与综合发展项目"指尖上的幸福"，携著名演员赵薇走进虎河村进行参观访问，并同本村苗绣骨干欧敏一起学习刺绣工艺。2017 年 3 月，纪录片《致敬》摄制组到虎河村取景拍摄，对苗绣这门传统手艺进行了深入细致的记录和展现，虎河村绣娘欧敏、李秀兰、余永芳等多名骨干本色出演，向世人展示苗绣的呈现过程。该片已于 2017 年 7 月在爱奇艺网络视频平台播出。2017 年 8 月，陈一丹基金会走进虎河村调研考察，就村庄可持续发展提出改造方案，其中苗绣发展成为基金会十分关注的项目之一。媒体和公益组织的多次到访在提升虎河村苗绣知名度的同时，也带来了雪片一样的订单。近两年来，虎河村苗绣合作社每年的接单额均能达到 12 万元以上，绣娘们生产的绣片、服装、饰物等远销北京、上海、美国、法国等地区和国家，还曾一度登上纽约时装周的舞台。

第三节　生态意识的培育与提升

在现代境遇之下，在农村经济社会发展的同时，村民的精神世界也在经历着裂变与阵痛，其行为习惯、思维方式、价值观念等都发生了不同的转向。这对于现代村庄如何构筑村民的精神世界、构筑什么样的精神世界、展现农民的何种精神风貌等提出了巨大的挑战。面对这些挑战，虎河村以积极的姿态应对，通过对传统的调适实现了村民生态意识的保育，奠定了村庄生态发展的精神基础。

传统时期，生态意识凝结在民间信仰当中，外显于生产生活的方方面面，在家庭和村落共同体中得到传递。在家庭之中，每一辈村民最先接受的便是人与自然的和谐相处之道。由于所处的自然环境特殊，每个家庭为了维持更好的生存，在长期的生产和生活中都总结、提炼出一些人与自然和谐相处的经验。这些饱含了生态意识萌芽的智慧和经验都通过家长的言传身教传递给了后代。通过以故事、诗歌、神话等为载体的"言传"，大到开天辟地、万物化生之时人与自然共生共存的历史神话，小到日常生产生活中如何对待自然生灵、如何取用自然资源、如何顺应时节进行耕种等的知识和伦理，这些内容都在火塘边、树下河畔、田头山路中随时随地传承了下来。而通过具有示范性和引导性的"身教"，家长敬畏自然、爱护自然的行为日复一日地沉淀在子女的脑海深处，无声无息地在子女自身的意识和行为养成上发生作用。孩童本身可能并没有理解父辈为什么这么做，也没有质疑或者无能力质疑这样做的原由，更没有考虑这样做的价值和意义，

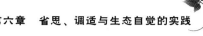

可以说在他们"知"之前就已经先"行"了。

除了在家庭生活中，村庄公共生活中的节日、祭祀场合也是培养村民生态意识的主阵地。虎河村的仪式众多，生产之中有农事祭仪，生活之中有人生礼仪，追宗溯源有祭祖仪式，树规立约有议榔仪式，化解危机有禳解仪式，等等。这些仪式既有以家庭为单位举行的，也有以村庄为单位举行的。正是在村民共同参与的仪式场合中，群体所共有的价值观念、宗教信仰和集体意识通过仪式展演、仪式行为传递出来，借助仪式庄严而神秘的氛围实现对后代潜移默化的教育和熏陶，使"集体里的每一个成员都可以感受并接受他们共同的信念，从而团结在了一起"。① 更为重要的是，在虎河村所传承下来的这种"共同信念"之中，崇拜自然、敬畏自然、与自然和谐共处是非常重要的一个方面，基本上在任何一种仪式中都有所体现。通过仪式的反复展演，村民的生态意识、生态观念也得到不断的强化与提升。

然而随着现代化、城市化的发展，虎河村面临巨大的挑战，其传统生态意识面临弱化甚至消亡的险境。一是现代生计方式使村民脱嵌于乡村，人与自然之间的原有联结中断。随着打工经济的兴起，村民"离土又离乡"，在城市生活中进行着生存博弈。长久地脱离山地生态空间，村民不仅不能为后代传输生态智慧，其自身的生态意识也在渐渐弱化。二是现代科学教育对传统自然崇拜信仰构成了极大的挑战。自然科学的发展、现代教育的普及使得传统自然崇拜信仰直面多种质疑。例如，破坏生态者却未遭到神灵惩罚，这种情况就无法利用民间信仰自圆其说。这种质疑尤其来自青年一代，直接影响其对民间信仰、生态传统的认同。

为了保护村庄传统，更为了保育村庄长久以来秉承的生态意识，

---

① ［法］爱弥尔·涂尔干：《宗教生活的基本形式》，渠东、汲喆译，商务印书馆2011年版，第142页。

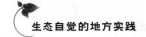

虎河村以积极的姿态进行调适，引入"新风"，调整"旧俗"，重新畅通了生态意识的培育渠道。

首先，尝试通过多种渠道重建村民与生态之间的联结，使得村民"再嵌入"生态的同时逐步恢复与强化其生态意识。一方面是实现村民真实的"再嵌入"，即利用前文所述的发展各项生态产业的机会、优惠等吸引在外务工的村民回流，鼓励其从事生态生产。与此同时，以科学"武装"传统，对村民输入科学知识、进行技术培训、提供交流机会，帮助其更好地从事生态生产。这对于村民来说既是一个重新建立与自然之间联系的机会，也是重新认识人与自然之间关系的过程。在从事生态生产活动的实践中，村民对于现代情境下自然生态的价值有了切身的体会，对于现代与传统、经济与生态之间的关系有了正确认识，从而有助于提升其生态意识。

从事生态农业生产的村民陆光进就是一个典型代表。陆光进早年远赴浙江打工，与家乡分离多年，直到村庄开始发展生态产业才回到家乡，加入合作社，开始从事生态种养。村庄为帮助其发展生产，将争取来的前往泰国有机农业园学习的机会给了陆光进。经过参观学习、技术培训和亲身体会，陆光进学习了自然农法的概念和内涵，认识到了土壤重金属超标、农药残留等多种危害，掌握了改良土壤、利用垃圾制作环保酵素等的技术，受益良多。回到村庄以后，他将自然农法的概念、技术传授给了村民，并带领部分村民试验环保酵素的制作。爱思考的陆光进还主动将新学习到的知识与祖辈传下来的知识联系起来，时时更新其"知识库存"，无论是蔬菜种植还是生态养殖都经营得有声有色。他坦言，"回乡是我做出的最正确的决定，生态发展也是我今后坚持要走的路。'道法自然'并不是瞎喊的，也不是白做的，生态循环变好了，我们的生活才能跟着变好。"（2015 年 10 月，虎河村村民陆光进访谈）

另一方面是实现村民虚拟的"再嵌入"，即充分利用现代媒介的传播优势，联结起在外务工村民的同时实现传统生态文化的网络传播、电子传播，使村民即使"不临其境"也能"心悟其情"。比较典型的是微信公众号平台的利用。目前虎河村已经开放了两个微信公众号，均设有节日风情、苗寨发展、村务公开等板块，在日常生活中由专人负责不定期更新。每逢村庄举办重要的民俗节日、祭仪之时，公众号平台还会开放现场直播，事后由专人负责上传视频、编辑图片和文字。这其中不乏大量关于村庄生态生产、生活、精神信仰等方面的内容。通过这种网络化、电子化的传播，"不在现场"的村民也能充分了解村庄生态传统与文化，不至于因脱离村庄场域而忘却传统。

其次，输入现代生态保护理念，引导传统生态信仰的合理部分与之相融，帮助村民建立新的生态意识。传统生态信仰尽管披着具有神秘色彩的外衣，但其内核之中蕴含着现实合理性，体现着民众对人与自然关系朴素、自发的认知和智慧，是人与自然和谐相处的精神基础。虎河村充分认识到了这一点，在生态保护的实践活动中对传统信仰的合理部分进行深度挖掘，并将之与现代社会生态文明建设的引导思想相结合，帮助村民建立起新的生态意识。例如，在节日、仪式等场合公开向民众传达"绿水青山就是金山银山""环境就是民生"等现代生态文明思想，进而宣讲其传统信仰中尊重自然、保护生态的内容，强调传统信仰的精神本质与现代生态文明思想的相合之处等。年轻的村民陆晓莲、陆文莲即是在村庄的引导下重新审视传统、建立起新的生态意识的典型代表。

我们这里有拜鬼拜神的习惯，山啊、树啊、水啊，老人认为都是有专门的鬼神掌管着的，不敬的话那是要遭报应的。那到现代社会了，我们小的要说完全信老人那一套，那也是有一点怀疑的。比如老人从小教育我们不能拿手指月亮，那样耳朵会掉下来，你说放在现代社会，这个能是真的吗？但是呢你也得反过来看。老人不让你拿手指月亮，这就像拿手指人一样是不尊敬的，那你不尊敬大自然，就什么事都干得出来，那现代人受的自然的报复还少吗？像前几年他们砍树，不是闹得田水说干就干、说涝就涝，田也种不成了，最后受苦的还是自己嘛。（2015年10月，虎河村村民陆晓莲访谈）

现在村里也注意这个，不说迷信的东西，但是传统的确实有好处的东西，你得接受啊。你看国家也提倡保护传统，现在要求的美丽乡村啊、生态文明啊，其实我们传统里本来做得就很好的。比如我们一年一次的冬季"扫寨"，就是防山火、防寨火的仪式，保护村寨、保护山林。现在我们还是按照原来的规矩祭火星鬼，场面也是搞得很大。你问我火星鬼有没有，我是不敢打保票，但是我知道经过这么一"扫"，家家户户都得小心用火，心理上就时时刻刻有这么一个提示在那。这个就很管用。我们这小山寨都是木头房子，连着山林，一烧起来是很要命的。但就是我们预防得好，村上从来没有发生过山火、寨火。你看寨头上那些树都上千年了还保护得很好，没有遭殃。这很大一部分就是传统的东西在起作用，也说明我们的传统也是能被提倡的，不全是神啊鬼啊的那一套。（2015年10月，虎河村村民陆文莲访谈）

最后，调适传统节日和仪式事象的呈现方式，激发其现代适应性。虎河村众多的节日、仪式都与自然生态相关，几乎所有的仪式之中都设有祭拜自然神灵的环节，可以说是村民自然崇拜信仰的集中彰显。然而随着村庄日渐融入现代化发展的浪潮，传统节日与仪式也存在形式性强、参与人数减少、神圣性弱化等问题。面对这些问题，虎河村在保留节日仪式核心环节的同时，对周边环节做出了适当调整，或删减某些不合理的环节，或添加新的文化要素，实现了传统的再造。

例如对议榔仪式的调整。议榔仪式是村庄制定生态规约时的必要仪式，同时也是寨老对民众、后代进行公开生态意识教育的重要场合。传统仪式中，寨老不仅要重申敬畏自然、遵守生态榔规的重要性，还要组织埋岩、集体喝血酒盟誓和分祭祀肉。而到了新时期的现代议榔仪式中，虎河村仍旧保留了寨老宣讲生态规约、进行生态教育以及分祭祀肉的核心环节，但调整了埋岩环节，改为在必要的时候立碑，同时去掉了喝血酒盟誓的环节。经过调适后的议榔仪式不仅没有减弱其生态教育功能，反而更容易为村民接受。

再如对一些农耕节日仪式的调整。虎河村历来从事稻作农业，农耕节日众多，贯穿于整个稻作生产环节之中。在这些节日中都设有祭天、拜地、敬田、祭树等祭祀仪式，以表达人们对自然的崇拜和敬畏之情。除此之外还设有村民共餐、共欢的环节，以表达人们的欢乐与期盼。而在现代农耕节日中，虎河村在保持其特有传统的基础上，加入了新的文化要素。如在吃新节举办时，仪式开始前宣讲国家关于"美丽乡村""生态文明建设"的倡议；在仪式进行时不再严格限制参与人群范围，外乡人、游客等可共同体验；在仪式的共欢环节增加篮球赛、足球赛等竞技体育项目，邀请各个村寨的青少年前来参加；在仪式结束后的共餐环节增设"讲文明、树新风"的文艺晚会；等等。可以清晰得见，经过调适后的吃新节在继承传统的同时彰显了时代风貌，也更能满足各个年龄段、各个层次人群的需求。在集体互动重新热烈起来的节日氛围中，仪式场合中的教化得以为继。

在现代语境之下，生态保护与经济发展似乎总被认定是一个悖论，人们总是习惯于将世外桃源认作生态良好的范本，而将经济开发之下的现代乡村视作生态没落的代表。确实，我们不应忽视一些乡村存在简单的发展思维，单纯地追求经济发展和生活改变，急功近利，不惜破坏生态资源、毁坏文化底蕴。但是，我们也不能就此认定生态保护与经济发展必然是一对悖反的概念。虎河村的发展实践证明，树

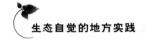

立了正确的生态思维，保持了一定的生态自觉，生态保护与经济发展能够做到"双赢"。

改革开放初期，虎河村处于被动发展阶段，其生态发展的意识尚未觉醒。在改革开放初期，农村社会普遍面临失序危机，虎河村恢复寨老组织和村规民约的行动实际上是一种村庄"自救"式的行动，是在当时社会情境之下做出的惯性选择。弗思曾言，"大体上说，一个社区的人民对那些和他们传统价值观念及组织形式有连续性的或相似的促进因素最容易接受，即使他们是在探求一种全新的事物，他们也常用他们熟悉的旧的结构和原则来表示他们的新的组织结构"①。对虎河村来说，在当时村庄亟待整治的情况之下，与其花费时间和精力创制一项村民不熟悉，甚至可能不会接受的新组织、新制度，对旧有规则的再利用显然要更符合村民的心理，具有更高的接受度。从恢复初期的寨老组织和村规民约的特点也能够看出，这一时期的寨老组织主要负责恢复村庄正常生产、生活秩序，而村规民约也主要解决当时的林木砍伐和社会治安问题。至于生态发展，在这一时期并未成为也没有条件成为村庄的发展焦点。但需要认清，正是这种宝贵的文化传统惯性作为基础，才使得虎河村在后续发展过程中能够主动整合其文化传统与现代社会发展需要，做出合宜、正确的发展选择。

当改革开放的历史进程迈入深化发展、提升水平的阶段之时，虎河村在反思发展过程中逐步形成了清晰的生态定位。很多原本生态保持良好的乡村之所以在经济发展之后出现环境污染、生态破坏等一系列问题，根本原因在于其将生态当作谋取利益的资本和目标，以生态作为"卖点"，换取经济收益。这种发展方式体现的是市场经济思维，核心在于经济收入最大化，因此注定走向生态维护诉求的反面，也必将是不可持续的。事实上，虎河村也曾面临此类发展选择：一些国家

---

① ［英］弗思：《人文类型》，费孝通译，华夏出版社 2001 年版，第 67 页。

禁止发展的"五小企业"、违规养殖场为躲避环境监管，曾开出诱人的条件，试图转移到虎河村；很多旅游公司也曾开出高价，以全面接管、整改村寨面貌为前提发展民族旅游。在这些选择面前，虎河村坚持"保"生态而非"卖"生态，这才成就了今天生态健康发展的虎河村。也正是在这种"保"生态的意识之下，虎河村自觉做出了种种改变。在组织制度方面，寨老组织新增添环境管理职能，配合村委会进行生态资源保护、环境卫生管理等多项工作；村规民约中新增生态保护与环境管理的细则，新建环境管理专项条例来维护环境卫生。在农业生产发展方面，恢复农业种植环境；重建生态循环，发展新式稻鱼共生农业，种养结合，发展生态养殖，巩固以沼气为纽带的"畜—沼—菜"农业生产模式。在第三产业发展方面，适度开发文化与生态资源，将民族文化与生态旅游相融合，主打生态农业观光游和苗绣的品牌。这种与生态相融的改造和发展也为村庄带来了丰厚的回报，虎河村摘掉了贫困的帽子，在雷山县生态文明发展中逐步走上最前列。

第七章　结论与讨论

　　本书以雷山地区的虎河村为研究个案，通过对以社会变迁和生态变化为中心的研究，展示出村庄从自发到自觉的生态实践的动态图景。这一过程既涉及人文生态、自然生态和主体心态①的变化，同时也关乎传统在现代社会中的延续、继承和创新。诚然，虎河村只不过是散落在中国大地上众多的村庄之一，而不同的村庄生发在不同的地理条件、自然生态、物产资源的背景之中，其文化传统和地方实践必然是千差万别的，虎河村的教训和经验并不能套用到每一个村庄之中。但问题并不在于此，问题在于虎河村的故事和经验背后所反映出的道理是值得深思的。一方面，虎河村体现出一定的反省精神，辩证地对待其地方生态传统，实现"返本"的同时"开新"，走出了适合自己的可持续发展之路；另一方面，经历了转型、阵痛后的虎河村不仅没有"等、靠、要"国家资源，反而展现出日益强壮的内生动力，自主、自觉肩负起"生态兴村"的责任，步入了生态发展的新道路。而这对于当下中国乡村如何践行可持续发展至少具有一定的启发意义。

---

　　① 张昆：《根在草原——东乌珠穆沁旗定居牧民的生计选择与草原情结》，社会科学文献出版社 2018 年版，第 240 页。

第一节　从生态自发到生态自觉

在数百年的历史进程之中，虎河村不断经历了前所未有的社会变革，村庄自然生态和环境随之发生了截然不同的变化。在此过程中，村民的生态实践也经历了由自发向自觉的艰难转变。

传统时期，虎河村苗族先民从温暖湿润的两湖平原一路西迁至山高箐密的雷公山地区，在生产生活的各个方面展开了适应生态的实践。从生产上来看，从游耕到梯田生态系统的建构充分体现了先民在尊重自然规律的基础上利用自然、改造自然的生态实践，而顺应自然节律和生态时间的农事活动中展示出先民的生态知识、生态技术和生态智慧。从生活上来看，村民衣、食、住的各个方面均呈现出顺应自然、顺势而成的特点。在生产生活中，为保证自然资源的有序利用，村庄依靠寨老权威，以生态榔约为治理规则，形成了一套独特的、适用于理顺当地人与自然关系的生态治理办法。同时，在思想观念层面不断调适，形成了自然崇拜、图腾崇拜等多种民间信仰，其中蕴藏了大量苗族人民自发产生的对人与自然间关系的理解和阐释，具有鲜明而朴素的生态内质。正是由于上述各方面的调适和努力，才使得虎河村先民在生存环境发生显著改变之时仍然能够较好地与自然和谐相处。

值得注意的是，这一时期虎河村苗民的生态实践带有鲜明的"自发"特性。应该明确，这一时期的苗民并不怀有诸如"为建设民族生态文化奠定基础""为保护自然环境贡献力量"等宏大的观念意识，其保护生态的意识和行动更多地体现为一种生存策略思想的表达[1]，经验性、朴素性的色彩较强，与当代意义上的生态意识、生态行为等

---

① 林兵：《环境社会学理论与方法》，中国社会科学出版社 2012 年版，第 37 页。

还有着一定的区别。一方面，苗民生态意识的形成与实践带有自发性，既未遭受任何外力的强制，也未经过任何刻意的设计，而是直接来自于生产和生活中的直观体验和感性经验。另一方面，生态意识的传承也具有自发性，即并非通过正规训练、正式教育，或者出于清醒的保护认知而将生态意识传承下来，更多是通过日常生活中潜移默化的文化熏染而积淀下来。

中华人民共和国成立以后至改革开放前的三十年间，中国社会步入了集体化道路，虎河村亦被纳入了国家指令性计划运行的轨道。自土地改革开始，中国共产党先后在广大农村试行并推广农业互助组、初级农业生产合作社、高级农业生产合作社以及人民公社制度，这对中国农业、农村和农民都产生了极为深远的影响。身处社会发展的洪流之中，虎河村也从自生自长的村落转变为了国家社会主义建设之中的一个单元，国家权力日益牢固地楔入乡村社会内部。在这种剧烈的社会变革之中，村庄生态也发生了显著变化。特别是在相对激进的"大跃进"时期，"向自然开战"的意识占据了上风，改造自然的活动打上了鲜明的政治和革命烙印。在陆续进行的工农业生产"大跃进"中，"大炼钢铁"引发了村庄森林"大砍伐"，盲目"深耕"进一步破坏了梯田生态，村庄自然生态严重受损。

这一时期的社会实践充分表明，"生态"在两个层面上退出了人们的意识。一方面是退出了国家的主流意识。在当时，迫于外部压力、追赶现代化过程中产生的社会性焦虑占据了上风，社会建设过程中人的主观能动性得到了过分夸大和宣扬，导致对自然的态度发生了转向，忽视客观规律、肆意改造自然的行为随之发生。另一方面则是退出了村民的意识。在这一时期，村民对于炼钢运动、砍伐森林、深耕梯田等运动不是没有过疑虑的。但在当时的高压体制与革命激情之下，村民自农耕时代积淀下来的生态传统、生态观念在这一时期无法通过国家主流意识的"过滤"，只能在主流意识的不断压制下继续

"隐形"。

改革开放初期，虎河村掀起了"去集体化"的社会变革。然而这一变革引发了村庄社会的短暂失范，村庄生态再度受损。1978年开始，经济领域内实行家庭联产承包责任制改革，动摇了人民公社体制生存的根基。在此后展开的"政社分设"过程中，人民公社体制走向瓦解。然而由于国家权力从农村的抽离过快，经济领域内的改革先行，而适应经济发展的社会控制机制的建立相对滞后。与此同时，传统乡村内生的管理机制尚未恢复，短时间内国家与社会的联系出现"梗塞"，导致了改革开放初期村庄的社会失范。与此同时，家庭联产承包制的实行扩大到了山林之中，林地仿效耕地的改革措施，实行均分到户。然而由于经济利益的刺激、村民对国家政策的不信任以及森林管理体制失灵等因素，分林到户反而掀起了伐林风波，引发了一系列不良的生态后果。

在这场社会生态变动的过程之中，虎河村村民的价值观念出现失衡甚至失落，其对于生态的认识也出现了迷茫和迷失。在改革开放之后，伴随着市场机制的引入和逐渐强大，"经济理性"过滤了村民的意识，使得自然的"经济价值"着重凸显出来。若说集体化时期村民与原有生态意识的悖离迫于政治体制的压力，那么改革开放初期的村民则是主动远离了其原有的生态意识。在传统与现代之间徘徊之时，村民甚至还主动突破了一些传统的生态信仰和禁忌。

在对村庄社会与生态问题的主动反思和调适中，虎河村科学地定位了人与自然的关系，并自觉外化到村庄生态治理、经济发展与生态意识培育的各个方面。面对村庄出现的生态失序危机以及社会失范问题，虎河村首先通过恢复寨老组织、重议生态椰约稳定了生态资源的利用秩序，化解了村庄社会失序危机，实现了村庄的"自救"。继而在当代"乡政村治"的背景之下促成了寨老组织的创造性转化，建立了"村治为主、寨老治理为辅"的治村格局，塑造了强有力的自治主体。通过对原有生态楔约的创新制定了新型生态村规，实现了生态治理规则重塑。与此同时，虎河村在反思历史与现实的基础上逐步形成了清晰的生态定位，主动寻求并挖掘地方生态传统与现代生态发展的结合点，积极推动村庄走上了可持续的生态发展道路。例如，重拾沼气利用的优良传统，发展以沼气利用为纽带的生态农业；挖掘稻鱼共生农业的潜力，推动传统农业的新升级；适度开发生态与文化资源，发展集生态旅游与民族文化风情游为一体的第三产业的发展；等等。此外，村庄通过引入现代科学文化知识、生态保护理念等实现了对传统生态观念、生态知识等的保育和调适，引导村民理性、客观地对待其传统生态文化，促成了村民现代生态意识的形成，奠定了村庄生态发展的精神基础。

这一时期虎河村的生态实践带有鲜明的"自觉"特色。一是自觉的认知。即对其原有的生态传统保有清醒的、理性的认知，认同其合理的部分，剔除其不合理的成分。二是自觉的反思。即能够反省历史过程中人与自然的关系，进而思考当下人与自然关系的建构方式。这种反思已经不再仅仅停留在经验层面，而且进入了理性的层面。同时，这种反思也不是外力强加之下的被迫行动，而是主动、积极的行为。三是自觉的行动。不管是对历史经验的反思也好，对当下建设的思索也罢，如果不能付诸行动，就只能是空想。虎河村的可贵之处在于"知行合一"，无论是组织建设、规范调适，还是产业发展、意识培育，都展现出一定的实践的自觉。

第二节　对乡村可持续发展的启示

人类社会脱胎于自然世界之后，在很长的一段时期内保持着对自然顶礼膜拜、敬奉崇畏的态度。即使是到了农耕时代，在人类思维水平、主观能动性都有了很大提升的情形下，人类仍未形成统治和征服自然的观念，人与自然之间仍然维持着精巧和稳定的平衡。然而这种平衡为工业革命所打破，统御自然、主宰自然的思想占据了上风，人类对自然界的无度改造与超越日益张扬。就在人们沉醉于改造自然的累累硕果之时，种种始料不及的生态危机、环境问题接踵而至，不仅构成了经济社会进一步发展的障碍，而且对人类的生存与发展构成了普遍威胁。面对此种情形，人类社会被推到了必须进行发展转型、文明转型的拐点。在艰难的探索之中，生态文明时代已然到来，可持续发展的理念逐渐形成并为各国所实践。

"可持续发展"作为一种思想，在 1972 年 "联合国人类环境会议" 上就已萌生，但作为一种发展观，它的系统而明确地表述是在 1987 年联合国环境与发展委员会发布的《我们共同的未来》报告中。可持续发展有着丰富的思想内涵，总结而言，主要体现在四个方面。一是以 "发展" 为核心，强调经济、社会、生态三方面发展的统一；二是以 "协调" 为目标，追求人与自然、人与人之间的协调发展；三是以 "公平" 为关键，主张资源分配与利用的代内公平和代际公平；四是以 "限制" 为手段，提出人类活动要限制在生态可能的范围内，以保护加强生态系统的生产和更新能力。[①]

可持续发展作为一种新的发展观，已经为世界各国普遍认同、接受并践行，而由于国情所异，各国的可持续发展实践都有着独特之处。对于我国而言，可持续发展实践的特点之一在于，农业和农村的可持续发展是中国可持续发展的根本保证和优先领域。而要达到农业和农村的可持续发展，首先就要化解农村生态危机、解决农村环境问题，恢复人与自然之间的和谐共处。但在当下中国社会，关于农村生态危机、环境问题的解决办法层出不穷，制度体系建立、技术输入、

[①]　赵媛编：《乡村可持续发展，目标与方向》，南京师范大学出版社 2009 年版，第 18—19 页。

项目推进等方式方法不断更新，但仍然存在"治理成果难以巩固"[①]"发展无动力、运行无合力、政策难着力"[②]"政府建、农民看；政府干、农民烦"[③] 等问题。就本书所呈现的虎河村的生态实践来看，至少对于当下中国乡村生态建设和可持续发展具有两个层面的启发意义。

首先，地方社会文化传统中有着丰富而合理的生态知识，应在对其做到"自知之明"的基础上自觉实现创新性、规范化利用。生态问题的发生有其独特的递变脉络和积累机制，单纯依靠科学技术手段、推行单一的政策制度等来破解各个地区的生态难题，不仅力不从心，甚至还会造成与预期截然相反的结果。应该认识到，每一个处于特定生态背景下的乡村长期以来积累、继承下来了一些优秀的地方生态传统，蕴含在乡村生产、生活、宗教信仰、组织规范、风俗习惯等方方面面。尽管这些传统的表现形式不尽相同，作用和价值不一，但却构成了支撑乡村繁衍发展、与自然和谐相处的基础。充分挖掘这些优秀传统的生态潜力，回眸向其生态传统中寻求有益成分，对于乡村可持续发展无疑是十分有益的。

应当注意，此处所提的回眸传统，并非是指退回到传统的生活样态，或者原封不动地照搬传统做法。在现代语境之下，任何传统的样态都不再可能是"原态"。回望传统更应在当下的社会情境之中反思传统，在精准把握传统"内核"的基础上让"外围"更加完善，更加适应当代社会的发展要求，这才是可持续发展的应有之义。这里不能不涉及生态自觉的问题。费孝通先生曾经指出，"生活在一定文化

---

① 冯亮：《中国农村环境治理问题研究》，中共中央党校，政治经济学专业，博士学位论文，2016年。
② 傅才武、岳楠：《村庄文化和经济共同体的协同共建：振兴乡村的内生动力》，《中国文化产业评论》2017年第2期。
③ 韩喜平：《农村环境治理不能让农民靠边站》，《中国社会科学报》2014年3月28日（A07）。

中的人要对其文化有'自知之明'，明白它的来历，形成过程，所具有的特色和它的发展趋向"，即保有一定的"文化自觉"。① 顺着这一理路而形成的"生态自觉"② 提示我们，要在"生态层面上做到自知之明，不要简单地否定过去，当然也不能简单地因循守旧；不要盲目地崇拜所谓的国外先进技术，当然也要学习和借鉴它的优点"③。特别是在当下全球化、现代化发展的事实面前，保有生态自觉意识，从传统与现代、国内与国外两个层面上反思生态问题、寻求解决之道显得尤为重要。

其次，重建乡村主体性，塑造乡村可持续发展的内生动力。可持续发展的实现必然要依赖于人的主观能动性的大力发挥。只有当可持续发展为大多数人真正意识到并投入其中时，只有当"要我发展"转变成"我要发展"的理念之时，发展才能真正实现"可持续"的目标。传统乡村发展在很大程度上依赖于外部力量的推进，缺少了村民主体以及民间社会本土知识、习俗传统等内部资源与力量的参与④，结果往往事倍功半。而农民作为乡村天然在场的主体，理应成为乡村发展的主体，农村作为可持续发展的阵地，理应增强自主探索和创新能力。如此才能更好地承接外部力量，使得"内外合力"，共同发力，以此才能推进乡村的可持续发展。这就要求乡村在国家和政府的指导下，充分挖掘和调动内生力量，整合乡村优势资源，提高村庄自我管理、自主发展的能力，从而更加有效地承接外部资源和力量，走出一条可持续发展的健康道路。

---

① 费孝通：《反思·对话·文化自觉》，《北京大学学报》（哲学社会科学版）1999 年第 3 期。
② 陈阿江：《再论人水和谐》，《江苏社会科学》2009 年第 4 期。
③ 陈阿江：《生态自觉：文明建设中的终极议题》，《中国周刊》2017 年第 10 期。
④ 赵光勇：《乡村振兴要激活乡村社会的内生资源——"米提斯"知识与认识论的视角》，《浙江社会科学》2018 年第 5 期。

参考文献

中文著作

蔡晶晶：《社会——生态系统视野下的集体林权制度改革：基于福建省的实证研究》，中国社会科学出版社 2012 年版。

岑家梧：《图腾艺术史》，河南人民出版社 2017 年版。

陈阿江：《次生焦虑：太湖流域水污染的社会解读》，中国社会科学出版社 2010 年版。

陈吉元、陈家骥、杨勋 编：《中国农村社会经济变迁（1949—1989）》，山西经济出版社 1993 年版。

陈祥军：《阿尔泰山游牧者：生态环境与本土知识》，社会科学文献出版社 2017 年版。

陈向明：《质的研究方法与社会科学研究》，教育科学出版社 2000 年版。

陈学明：《生态文明论》，重庆出版社 2008 年版。

樊祥国等编：《稻田养鱼实用新技术》，中国农业出版社 1996 年版。

费孝通：《费孝通全集》（第九卷），内蒙古人民出版社 2009 年版。

费孝通：《费孝通全集》（第十六卷），内蒙古人民出版社 2009 年版。

费孝通：《费孝通全集》（第十五卷），内蒙古出版社 2009 年版。

费孝通：《费孝通文集》（第十二卷），群言出版社 1999 年版。

费孝通：《费孝通文集》（第十三卷），群言出版社 1999 年版。

费孝通：《费孝通文集》（第十四卷），群言出版社 1999 年版。

费孝通：《文化与文化自觉》，群言出版社 2010 年版。

高耀庭编：《中国动物志（兽纲）》，科学出版社 1987 年版。

贵阳师范学院中文系 1958 级、"山花"编辑部编：《贵州大跃进民歌选》，贵州人民出版社 1959 年版。

贵州省编写组编：《苗族社会历史调查（二）》，贵州民族出版社 1987 年版。

贵州省雷山县志编纂委员会编：《雷山县志》，贵州人民出版社 1983 年版。

贵州省民族古籍整理办公室编：《贾》，贵州民族出版社 2012 年版。

贵州省民族古籍整理办公室编：《雷山苗族理经》，民族出版社 2015 年版。

韩敏：《回应革命与改革：皖北李村的社会变迁与延续》，陆益龙等译，江苏人民出版社 2007 年版。

何得桂：《集体林权变革的逻辑：改革开放以来闽中溪乡的表达》，中国农业出版社 2008 年版。

何星亮：《中国少数民族图腾崇拜》，五洲传播出版社 2006 年版。

洪大用：《社会变迁与环境问题：当代中国环境问题的社会学阐述》，首都师范大学出版社 2001 年版。

胡锦涛：《坚定不移沿着中国特色社会主义道路前进　为全面建成小康社会而奋斗——在中国共产党第十八次全国代表大会上的报告》，人民出版社 2012 年版。

胡绳编：《中国共产党的七十年》，中共党史出版社 1991 年版。

黄家服、段志洪编：《中国地方志集成贵州府县志辑 1》，巴蜀书社 2006 年版。

黄平县地方史志办公室编：《黄平苗族芦笙文化》，贵州科技出版社 2015 年版。

黄锐：《黄村十五年：关中地区的村落政治》，上海人民出版社 2016
　　年版。

吉尔兹：《地方性知识》，王海龙、张家瑄译，中央编译出版社 2000
　　年版。

江帆：《满族生态与民俗文化》，中国社会科学出版社 2006 年版。

李怀印：《乡村中国纪事：集体化和改革的微观历程》，法律出版社
　　2010 年版。

李文：《中国土地制度的昨天、今天和明天》，延边大学出版社 1997
　　年版。

李勇进、陈文江：《生态文明建设的社会学研究》，兰州大学出版社
　　2018 年版。

林兵：《环境社会学理论与方法》，中国社会科学出版社 2012 年版。

卢晖临：《通向集体之路：一项关于文化观念和制度形成的个案研
　　究》，社会科学文献出版社 2015 年版。

陆群：《民间思想的村落：苗族巫文化的宗教透视》，贵州民族出版社
　　2000 年版。

罗义群：《生物均衡利用与民族自治地方和谐发展》，民族出版社
　　2013 年版。

蒙本曼：《知识地方性与地方性知识》，中国社会科学出版社 2016
　　年版。

苗启明、温益群：《原始社会的精神历史构架》，云南人民出版社
　　1993 年版。

黔东南苗族侗族自治州林业局编：《黔东南苗族侗族自治州林业志》，
　　中国林业出版社 2012 年版。

渠敬东：《缺席与断裂：有关失范的社会学研究》，商务印书馆 2017
　　年版。

任聘：《中国民间禁忌》，作家出版社 1990 年版。

盛明富：《中国农民工 40 年》，中国工人出版社 2018 年版。

石朝江：《中国苗学》，贵州大学出版社 2009 年版。

石宗仁编：《中国苗族古歌》，天津古籍出版社 1991 年版。

孙涛：《中国近现代政治社会变革与生态环境演化》，知识产权出版社 2018 年版。

田兵编：《苗族古歌》，贵州人民出版社 1979 年版。

田汝成：《炎徼纪闻》，广文书局 1969 年版。

万建中：《中国禁忌史》，武汉大学出版社 2016 年版。

王布衣：《震惊世界的广西农民——广西农民的创举与中国村民自治》，广西人民出版社 2008 年版。

王春光：《中国农村社会变迁》，云南人民出版社 1996 年版。

王凤刚：《苗族贾理》（上），贵州人民出版社 2009 年版。

王晓毅：《环境压力下的草原社区》，社会科学文献出版社 2009 年版。

吴大华：《黔法探源》，贵州人民出版社 2013 年版。

吴德坤、吴德杰编：《苗族理辞》，贵州民族出版社 2002 年版。

吴森：《决裂——新农村的国家建构》，中国社会科学出版社 2007 年版。

吴一文、覃东平：《苗族古歌与苗族历史文化研究》，贵州民族出版社 2000 年版。

吴永章、田敏：《苗族瑶族长江文化》，湖北教育出版社 2007 年版。

习近平：《决胜全面建成小康社会　夺取新时代中国特色社会主义伟大胜利——在中国共产党第十九次全国代表大会上的报告》，人民出版社 2017 年版。

项继权：《集体经济背景下的乡村治理——南街、向高和方家泉村村治实证研究》，华中师范大学出版社 2002 年版。

熊玉有：《苗族文化史》，云南民族出版社 2014 年版。

徐晓光：《原生的法：黔东南苗族侗族地区的法人类学调查》，中国政法大学出版社 2010 年版。

徐勇：《中国农村村民自治》，华中师范大学出版社 1997 年版。

薛晓源、李惠斌编：《生态文明研究前沿报告》，华东师范大学出版社
　2006 年版。

燕宝：《苗族古歌》，贵州民族出版社 1993 年版。

杨从明编：《苗族生态文化》，贵州人民出版社 2009 年版。

杨庭硕、田红：《本土生态知识引论》，民族出版社 2010 年版。

杨应光编：《雷山苗族情歌》，云南民族出版社 2014 年版。

姚桂荣：《"大跃进"运动的社会心理基础研究》，湘潭大学出版社
　2013 年版。

张健：《中国社会历史变迁中的乡村治理研究》，中国农业出版社
　2012 年版。

张昆：《根在草原——东乌珠穆沁旗定居牧民的生计选择与草原情
　结》，社会科学文献出版社 2018 年版。

张乐天：《告别理想：人民公社制度研究》，上海人民出版社 2012
　年版。

张乐：《资本逻辑论域下生态危机消解的路径》，中国社会科学出版社
　2016 年版。

张银峰：《村庄权威与集体制度的延续：明星村个案研究》，社会科学
　文献出版社 2013 年版。

张中奎：《改土归流与苗疆再造：清代"新疆六厅"的王化进程及其
　社会文化变迁》，中国社会科学出版社 2012 年版。

张祝平：《生态文明视阈中的民间信仰》，暨南大学出版社 2013 年版。

赵媛编：《乡村可持续发展，目标与方向》，南京师范大学出版社
　2009 年版。

郑宝华编：《谁是社区森林的管理主体：社区森林资源权属与自主管
　理研究》，民族出版社 2003 年版。

中共中央文献编辑委员会编：《刘少奇选集》（下卷），人民出版社
　　1985 年版。

中共中央文献编辑委员会编：《毛泽东著作选读》（下），人民出版社
　　1986 年版。

中共中央文献研究室、国务院发展研究中心编：《新时期农业和农村
　　工作重要文献选编》，中央文献出版社 1992 年版。

中国第一历史档案馆、中国人民大学清史研究所、贵州省档案馆编：
　　《清代前期苗民起义档案史料汇编》，北京光明日报出版社 1987
　　年版。

《中国共产党锦屏县历史》编纂领导小组编：《中国共产党锦屏县历
　　史第 1 卷》，中共党史出版社 2014 年版。

中华人民共和国国家农业委员会办公厅编：《农业集体化重要文献汇
　　编（1958—1981）》下册，中央党校出版社 1981 年版。

朱力：《变迁之痛：转型期的社会失范研究》，社会科学文献出版社
　　2006 年版。

《庄子》，中国华侨出版社 2013 年版。

［奥］阿尔弗雷德·舒茨：《社会世界的意义构成》，游淙祺译，商务
　　印书馆 2012 年版。

［德］恩格斯：《自然辩证法》，于光远等译，人民出版社 1984 年版。

［德］马克思、恩格斯：《马克思恩格斯全集》（第 23 卷），中共中央
　　马克思恩格斯列宁斯大林著作编译局编译，人民出版社 2016 年版。

［法］爱弥尔·涂尔干：《宗教生活的基本形式》，渠东、汲喆译，商
　　务印书馆 2011 年版。

［法］克洛德·列维－斯特劳斯：《神话学：生食与熟食》，周昌忠
　　译，中国人民大学出版社 2007 年版。

［美］奥斯特罗姆：《公共事物的治理之道：集体行动制度的演进》，
　　上海译文出版社 2012 年版。

［美］科瑟：《社会学思想名家：历史背景和社会背景下的思想》，石人译，中国社会科学出版社 1991 年版。

［美］克利福德·格尔茨：《地方知识》，杨德睿译，商务印书馆 2017年版。

［美］赖特·米尔斯：《社会学的想象力》，陈强、张永强译，生活·读书·新知三联书店 2001 年版。

［美］蕾切尔·卡逊：《寂静的春天》，吕瑞兰、李长生译，上海译文出版社 2014 年版。

［美］阎云翔：《私人生活的变革：一个中国村庄里的爱情、家庭与亲密关系》，龚晓夏译，上海书店出版社 2006 年版。

［日］鸟越皓之：《环境社会学——站在生活者的角度思考》，宋金文译，中国环境科学出版社 2009 年版。

［英］埃文斯·普理查德：《努尔人——对一个尼罗特人群生活方式和政治制度的描述》，褚建芳译，商务印书馆 2017 年版。

［英］爱德华·泰勒：《原始文化》，连树声译，广西师范大学出版社2005 年版。

［英］费正清、罗德里克·麦克法夸尔编：《剑桥中华人民共和国史1949—1965》，王建朗等译，上海人民出版社 1990 年版。

［英］弗思：《人文类型》，费孝通译，华夏出版社 2001 年版。

［英］麦克斯·缪勒：《宗教的起源与发展》，金泽译，上海人民出版社 1989 年版。

中文期刊论文

阿拉坦宝力格：《民族地区资源开发中的文化参与——对内蒙古自治区正蓝旗的发展战略思考》，《原生态民族文化学刊》2011 年第1 期。

陈阿江：《论人水和谐》，《河海大学学报》（哲学社会科学版）2008

年第 10 期。

陈阿江：《生态自觉：文明建设中的终极议题》，《中国周刊》2017 年第 10 期。

陈阿江：《生态自觉：引领环保新理念》，《中国社会科学报》2010 年第 4 期。

陈阿江、王婧：《游牧的"小农化"及其环境后果》，《学海》2013 年第 1 期。

陈阿江、邢一新：《缺水问题及其社会治理——对三种缺水类型的分析》，《学习与探索》2017 年第 7 期。

陈阿江：《再论人水和谐》，《江苏社会科学》2009 年第 4 期。

陈涛：《从"生态自发"到"生态利益自觉"》，《社会科学辑刊》2012 年第 2 期。

陈祥军：《知识与生态：本土知识价值的再认识——以哈萨克游牧知识为例》，《开放时代》2012 年第 7 期。

陈向明：《社会科学中的定性研究方法》，《中国社会科学》1996 年第 6 期。

程鹏立：《从经济理性到生态经济理性》，《贵州社会科学》2011 年第 2 期。

樊宝敏、李淑新、颜国强：《中国近现代林业产权制度变迁》，《世界林业研究》2009 年第 4 期。

费孝通：《反思·对话·文化自觉》，《北京大学学报》（哲学社会科学版）1999 年第 3 期。

费孝通：《文化论中人与自然关系的再认识》，《群言》2002 年第 9 期。

丰子义：《生态文明的人学思考》，《山东社会科学》2010 年第 7 期。

傅才武、岳楠：《村庄文化和经济共同体的协同共建：振兴乡村的内生动力》，《中国文化产业评论》2017 年第 2 期。

葛玲：《中国乡村的社会主义之路——20世纪50年代的集体化进程研究述论》，《华中科技大学学报》（社会科学版）2012年第2期。

韩喜平：《农村环境治理不能让农民靠边站》，《中国社会科学报》2014年3月28日（A07）。

黄冲、罗攀柱、梅莹、徐琴：《发展中国家公共林地管理制度的应用、发展和反思》，《农业经济问题》2019年第2期。

贾艳敏：《"大跃进"时期的深翻土地运动述评》，《河南师范大学学报》（哲学社会科学版）2003年第5期。

景军：《认知与自觉：一个西北乡村的环境抗争》，《中国农业大学学报》（社会科学版）2009年第4期。

李世书：《毛泽东对马克思主义自然观的理论贡献》，《毛泽东思想研究》2007年第1期。

李霞：《生态知识的地方性》，《广西民族研究》2012年第2期。

刘希刚、韩璞庚：《人学视角下的生态文明趋势及生态反思与生态自觉：关于生态文明理念的哲学思考》，《江汉论坛》2013年第10期。

刘湘溶：《生态文明建设：文化自觉与协同推进》，《哲学研究》2015年第3期。

卢春天：《美欧环境社会学理论比较分析与展望》，《学习与探索》2017年第7期。

罗洪洋：《清代黔东南锦屏苗族林业契约的纠纷解决机制》，《民族研究》2005年第1期。

罗康隆：《论苗族传统生态知识在区域生态维护中的价值：以贵州麻山为例》，《思想战线》2010年第2期。

罗康智：《对清水江流域"林粮间作"文化生态的解读》，《贵州社会科学》2019年第2期。

罗康智：《复合种养模式对石漠化灾变区生态恢复的启迪——以贵州省麻山地区为例》，《贵州社会科学》2017年第6期。

麻国庆：《草原生态与蒙古族的民间环境知识》，《内蒙古社会科学》
　2001 年第 1 期。

麻国庆：《游牧的知识体系与可持续发展》，《青海民族大学学报》
　（社会科学版）2017 年第 4 期。

梅军：《黔东南苗族传统农林生产中的生态智慧浅析》，《贵州民族学
　院学报》（哲学社会科学版）2009 年第 1 期。

孟和乌力吉：《蒙古族资源环保知识多维结构及其复合功能》，《中央
　民族大学学报》（哲学社会科学版）2015 年第 3 期。

潘斌：《风险社会与生态启蒙》，《华东师范大学学报》（哲学社会科
　学版）2012 年第 2 期。

色音：《萨满教与北方少数民族的环保意识》，《黑龙江民族丛刊（季
　刊)》1999 年第 2 期。

盛晓明：《地方性知识的构造》，《哲学研究》2000 年第 12 期。

宋金文：《生活环境主义的社会学意义：生活环境主义中的生活者视
　角》，《河海大学学报》（哲学社会科学版）2009 年第 2 期。

孙蕾、李伟：《建立公众生态观念以实现生态现代化的途径探讨》，
　《青海社会科学》2012 年第 4 期。

孙立平：《后发外生型现代化模式剖析》，《中国社会科学》1991 年第
　2 期。

陶铸：《驳"粮食增产有限论"》，《红旗》1958 年第 5 期。

田红、周焰：《苗族本土知识对恢复溶蚀湖的借鉴价值探析》，《原生
　态民族文化学刊》2016 年第 3 期。

田有成：《原始法探析：从禁忌、习惯到法起源运动》，《法学研究》
　1994 年第 6 期。

王君柏：《文化自觉：寻求中国社会学自身的坐标》，《社会科学辑
　刊》2019 年第 1 期。

王义超：《中国沼气发展历史及研究成果述评》，《农业考古》2012 年

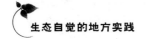

第 3 期。

吴毅：《何以个案、为何叙述——对经典农村研究方法质疑的反思》，《探索与争鸣》2007 年第 4 期。

徐晓光：《清水江杉木实生苗技术的历史与传统农林知识》，《贵州大学学报》（社会科学版）2014 年第 4 期。

许苏民：《中国近代文化自觉三题》，《福建论坛》（人文社会科学版）1989 年第 2 期。

阳晓伟、闭明雄、庞磊：《对公地悲剧理论适用边界的探讨》，《河北经贸大学学报》2016 年第 4 期。

阳晓伟、杨春学：《"公地悲剧"与"反公地悲剧"的比较研究》，《浙江社会科学》2019 年第 3 期。

杨理：《中国草原治理的困境：从"公地的悲剧"到"围栏的陷阱"》，《中国软科学杂志》2010 年第 1 期。

杨庭硕、杨曾辉：《清水江流域杉木育林技术探微》，《原生态民族文化学刊》2013 年第 4 期。

杨有耕：《试论锦屏林业改革的成败及其原因》，《贵州民族研究》1989 年第 1 期。

杨正伟：《试论苗族始祖神话与图腾》，《贵州民族研究》1985 年第 1 期。

叶舒宪：《论地方性知识》，《读书》2001 年第 5 期。

于冰：《论生态自觉》，《山东社会科学》2012 年第 10 期。

余宏模：《清代雍正时期对贵州苗疆的开辟》，《贵州民族研究》1997 年第 5 期。

张鸣：《为什么会有农民怀念过去的集体化时代?》，《华中师范大学学报》（人文社会科学版）2007 年第 1 期。

张玉林：《政经一体化开发机制与中国农村的环境冲突》，《探索与争鸣》2006 年第 5 期。

赵光勇：《乡村振兴要激活乡村社会的内生资源——"米提斯"知识与认识论的视角》，《浙江社会科学》2018 年第 5 期。

朱冬亮：《村庄社区产权实践与重构：关于集体林权纠纷的一个分析框架》，《中国社会科学》2013 年第 11 期。

朱显灵、丁兆君、胡化凯：《"大跃进"期间的深耕土地运动》，《当代中国史研究》2011 年第 2 期。

邹广文：《论文化自觉与人的全面发展》，《哲学研究》1995 年第 1 期。

邹华斌：《毛泽东与"以粮为纲"方针的提出及其作用》，《党史研究与教学》2010 年第 6 期。

中文学位论文

程胜：《中国农村能源消费及能源政策研究》，华中农业大学，农业经济管理专业，博士学位论文，2009 年。

冯亮：《中国农村环境治理问题研究》，中共中央党校，政治经济学专业，博士学位论文，2016 年。

郭亮：《桂西北村寨治理与法秩序变迁：以合寨村为个案》，西南政法大学法律史专业，博士学位论文，2011 年。

洪运杰：《黔东南苗侗民族环境保护习惯法研究》，西南政法大学法制史专业，硕士学位论文，2010 年。

李彬：《围绕中华蜂保护与利用展开的苗族文化生态探讨》，吉首大学生态民族学专业，硕士学位论文，2014 年。

卢之遥：《林权制度对民族地区森林生态与经济社会的影响——以贵州雷山县为例》，中央民族大学民族生态学专业，博士学位论文，2016 年。

孟猛：《贵州丹寨县苗族丧葬仪式中的芦笙乐舞研究》，中央民族大学，中国少数民族艺术专业，博士学位论文，2016 年。

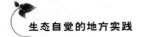

外文著作

Beck, U. , Lash, S. and Wynne, B. , *Risk society: Towards A New Modernity*, London: Sage, 1992.

Marshall S. , *Stone Age Economics*, London: Routledge, 2003.

Merton R. K. and Merton R. C. , *Social Theory and Social Structure*, New York: The Free Press, 1968.

Mol, A. P. J. , Sonnenfeld D. A. , *Ecological Modernisation Around the World: Perspectives and Critical Debates*, London: Routledge, 2014.

Scott, J. C. , *Seeing Like A State: How Certain Schemes to Improve the Human Condition Have Failed.* London: Yale University Press, 1998.

Shapiro J. , *Mao's War Against Nature: Politics and the Environment in Revolutionary China*, New York: Cambridge University Press, 2001.

外文期刊论文

Griffin, L. J. , "Narrative, Event—Structure Analysis, and Causal Interpretation in Historical Sociology", *American Journal of Sociology*, Vol. 98, No. 5, 1993.

Hardin, G. J. , "The Tragedy of Commons", *Science*, Vol. 162, No. 3859, 1968.

Rapoport, A. , "Nomadism as A Man—Environment System", *Environmental Behavior*, Vol. 10, No. 2, 1978.

Ruttan, L. M. and Mulder, B. M. , "Are East African Pastoralists Truly Conservationists?", *Current Anthropology*, Vol. 40, No. 5, 1999.

Salmon, E. , "Kincentric Ecology: Indigenous Perceptions of the Human—Nature Relationship", *Ecological Applications*, Vol. 10, No. 5, 2000.

Smith, R. J. , "Resolving the Tragedy of Commons by Creating Private

Property Rights in Wildlife", *CATO Journal*, Vol. 1, No. 2, 1981.

Tucker, C. M., "Private Versus Common Property Forests: Forest Conditions and Tenure in a Honduran Community", *Human Ecology*, Vol. 27, No. 2, 1999.

White, L., "The Historical Roots of Our Ecological Crisis", *Science*, Vol. 155, No. 3757, 1967.

外文文集析出文献

Bromley, D., "The Commons Property, and Common Property Institutions", in Bromley, D. eds., *Making the Commons Work: Theory, Practice and Policy*, San Fransisco: ICS Press, 1992.

Howell, S., "Nature in culture and culture in nature? Chewong Ideas of 'Humans' and Other Species", in Descola, P. and Pálsson, G. eds., *Nature and Society: Anthropological Perspective*, London: Routledge, 1996.

Reed, R., "Forest Development the Indian Way", in Spradley, J. P. and McCurdy, D. W. eds., *Conformity and conflict: Readings in cultural anthropology*, New Jersey: Pearson Education, Inc., 2011.

Schnaiberg, A., Pellow, D. and Weinberg, A., "The Trademill of Production and The Environmental State", in Mol, A. P. J. and Buttel, F. H. eds., *The Environmental State under Pressure*, 2002, Greenwtich: JAI Press.

其他文献

政协雷山县文史资料委员会:《雷山县文史资料选辑》(第1辑),内部资料性出版物1989年版。

政协雷山县文史资料委员会:《雷山县文史资料选辑》(第2辑),内部资料性出版物1992年版。

政协雷山县文史资料委员会:《雷山县文史资料选辑》(第4辑),内部资料性刊物2002年版。

《把总路线的红旗插遍全国》,《人民日报》1958年5月29日。

《发动全民,讨论四十条纲要,掀起农业生产的新高潮》,《人民日报》1957年11月13日。

《建设社会主义农村的伟大纲领》,《人民日报》1957年10月27日。

《今年夏季大丰收说明了什么》,《人民日报》1958年7月23日。

《今年秋季大丰收一定要实现》,《人民日报》1958年7月28日。

《土洋并举是加速发展钢铁工业的捷径》,《人民日报》1958年8月8日。

《祝早稻花生双星高照》,《人民日报》1958年8月13日。

UNESCO:What Is Local and Indigenous Knowledge? http://www.unesco.org/new/en/natural—sciences/priority—areas/links.

附录1：重要访谈人物一览表

一　虎河村村民

杨清，男，苗族，40多岁，一组村民。现任村主任。曾在1997年赴浙江义乌务工，自己开办一个小型的苗族服饰和银饰加工厂，吸收全村男女50多人就业。2004年返乡后担任村主任至今。现在也是村中苗嫂刺绣合作社、生态旅游的发起者之一。

杨忠，男，苗族，40多岁，二组村民。现任村支书。村中的致富带头人，是生态种养的主要带头人之一。其妻是苗嫂刺绣合作社的核心骨干。

杨文，男，苗族，60多岁，四组村民。原村主任。曾经当过兵，在部队做卫生员。转业回家后先后当过赤脚医生、民办老师、小学校长，是村中难得的文化水平较高的人物。是第一版《村规民约》的起草者。

杨德，男，苗族，60多岁，四组村民。原村支书（大队书记）。是集体化时期沼气建设的主要领导者之一。

欧敏，女，苗族，40多岁，一组村民。苗嫂刺绣合作社的核心骨干之一。精通各种苗绣最古老的绣技。其作品多次在大小比赛中获奖，本人也多次受邀前往全国各地授课。

李志，男，苗族，70多岁，一组村民。现任寨老。

李乃千，男，苗族，70多岁，二组村民。村中的鬼师。

李和荣，男，苗族，40多岁，二组村民。鬼师的儿子。

李秀娟，女，苗族，40多岁，三组村民。苗嫂刺绣合作社绣娘。

余永芳，女，苗族，50多岁，六组村民。苗嫂刺绣合作社绣娘。

陆清兰，女，苗族，40多岁，二组村民。村中小卖店的老板。

杨林春，男，苗族，60多岁，一组村民。

李国元，男，苗族，50多岁，二组村民。参与生态蔬菜种植。

文金学，男，苗族，60多岁，四组村民。管水员。

文昌福，男，苗族，60多岁，三组村民。

陆光进，男，苗族，30多岁，二组村民。首批参加生态养猪的村民之一，自办小型黑毛猪养殖场。

陆天文，男，苗族，20多岁，三组村民。创业开办田园生态养殖场。

杨昌福，男，苗族，60多岁，五组村民。家中房屋为发展生态旅游而改建成民宿。

文通金，男，苗族，40多岁，四组村民。多年在外打工，近两年才返乡。

余秀花，女，苗族，60多岁，三组村民。

陆文莲，女，苗族，20多岁，三组村民。潍坊学院在读大学生。

陆文芝，女，苗族，20多岁，一组村民。河北科技师范学院在读大学生。

余广福，男，苗族，20多岁，二组村民。达地水族乡民族小学老师。

陆志学，男，苗族，30多岁，三组村民。自办建筑队。

二 生态养殖基地工作人员

吴士国，男，苗族，50多岁，乌村村民。

王文海，男，汉族，40多岁，重庆人。

李天珍，女，苗族，50 多岁，陶村村民。

二　地方政府工作人员

李主任，男，60 多岁，苗族，县农业局农推站原主任，已退休。

余主任，男，40 多岁，苗族，县非遗保护与研发中心办公室主任。

刘先生，男，40 多岁，汉族，县林业局工作人员。

黄女士，女，40 多岁，苗族，县统计局工作人员。

王主任，男，50 多岁，苗族，县方志办公室主任。

韦先生，男，40 多岁，苗族，县民宗局工作人员。

陆主任，男，40 多岁，苗族，县文化体育局办公室主任。

杨女士，女，40 多岁，苗族，县文化馆工作人员。

附录2：访谈提纲

访谈提纲 1：村民访谈

一 村庄（自然村）基本情况

1. 村庄及附近山脉、水系情况。

2. 村庄气候特点、气温与降水情况、自然灾害发生情况。

3. 建村历史与传说。

4. 村庄总面积、历史上的村界变动情况。

5. 村庄总人口、总户数、人口构成情况、老龄化情况、人口迁移情况、主要姓氏。

6. 耕地总面积、水田与旱地面积、人均拥有耕地面积、农作物种植结构。

7. 林地总面积、人均拥有林地面积、林地的类型与位置、林木树种。

8. 村庄经济结构、人均收入、贫困状况。

9. 村民家庭结构、家庭人口和劳动力状况。

10. 村民家庭经济收入及其结构、消费结构。

11. 村民宗教信仰、民间禁忌、风俗习惯、重要节日等情况。

12. 村庄社会与生态变化的关键节点、事件。

二　传统时期村庄社会与生态状况（建村—1949 年）

1. 何时开垦梯田的？梯田的开垦过程？开垦时需要遵守的规则、禁忌？梯田的种类与所在位置？

2. 有哪些水稻品种？种植时如何施肥、灌溉、防治病虫害？

3. 稻田养鱼怎么进行？鱼的品种有哪些？稻鱼共生有什么好处？

4. 怎样安排农事生产活动？掌握了什么样的历法知识？除了历法知识以外，还根据什么样的知识来判断农事生产的关键节点？

5. 是否有打猎和采集活动？打猎的时间、方法、猎物种类？采集的时间、方法、主要采集物种类？打猎和采集需要遵守什么规则？

6. 村民服饰、饮食、居住各有什么特点？是如何适应当地自然生态的？

7. 谁来管理村庄秩序？寨老是怎么产生的？有何种权力？寨老与普通村民的关系？

8. 有何种村民共享的规则、规范？规则是怎么产生的？议榔是怎么进行的？

9. 对山、水、林、田、动物资源分别有什么样的利用规则和禁忌？违背规则、禁忌有什么样的惩罚？惩罚的种类？谁来执行这种惩罚？

10. 村民如何评价这一时期村庄总体的生态状况？

三　集体化时期村庄的社会与生态状况（1949—1978 年）

1. 村庄进行土地改革、合作化、"大跃进"、公社化的关键时间节点。

2. 集体化的各个阶段中村庄农业生产情况及其变化。包括农业生产组织、农事生产安排、水稻品种与种植技术等。

3. 集体化各个阶段中村庄社会组织结构、权力结构变化。

4. "大跃进"运动时期，村庄炼钢运动是何时发生的？对村民发出了什么样的号召？村民是如何炼钢的？日常生活安排如何？炼钢的效果如何？

5. 炼钢运动中是如何砍伐森林的？所砍森林的数量？或者村民对所砍森林面积的大概估计？

6. "深耕"运动是如何发展起来的？"深耕"的要求、技术措施、效果。

7. 村民是否对炼钢运动和"深耕"运动抱有疑惑、抵抗心理？是否进行过反抗？反抗的结果如何？

8. 山林破坏以后有什么样的后果？

9. 如今村民对这一时期村庄及周边总体生态变化的评价？对炼钢运动和"深耕"运动持有什么态度？

四　去集体化时期村庄社会与生态状况（1978—1986年）

1. 家庭联产承包责任制实行、公社体制废除与村民自治实行的时间节点。

2. 这一阶段的社会改革中，村庄社会组织、权力组织状况。

3. 村庄社会失范的表现？为什么会出现失范？

4. 林地承包的实行时间、方法、过程、承包后林地的种类划分。

5. 林地承包后的森林管理制度。

6. 林地承包以后村民对于林木的态度。为什么村民会砍伐已经分到手的森林？有哪些因素影响其伐林行动？

7. 林地砍伐后有什么样的社会后果和生态后果？

8. 如今村民对这一时期村庄及周边总体生态变化的评价？对伐林行动的态度？

五　自觉发展时期村庄社会与生态状况（1986年至今）

1. 恢复寨老组织、重议生态椰约的时间节点、行动原因、过程、效果。

2. 村民自治制度实行以后，村庄权力格局发生了什么样的变化？

3. 寨老组织是如何整合到村民自治制度中的？寨老的身份、地位、职能、权力发生了什么样的变化？寨老与村干部、村民之间的关系如何？

4. 新型生态村规制定的时间节点、原因、过程、效果。

5. 新型生态村规与传统生态榔约之间的关系如何？新型村规继承了哪些榔约？剔除了哪些部分？添加了哪些部分？作出上述调整的依据是什么？

6. 村庄沼气能源建设的历程。在此过程中，村庄对于发展沼气的认识和态度变化。

7. 村庄农业生态化转型的原因、过程、具体做法、技术措施、效果。

8. 村庄生态旅游发展的过程、措施、效果。

9. 实行生态发展以后，村庄经济、社会状况与之前相比有哪些变化？

10. 村庄在培育村民生态意识方面做出了哪些努力？措施和成效如何？

11. 村民对这一时期村庄经济、社会与生态状况的总体评价。

访谈提纲 2：地方政府工作人员访谈提纲

一 地方自然、历史与社会概况

1. 地方自然环境特征。包括地形、地貌、气候、水系、动植物资源、自然灾害状况等。

2. 地方历史文化特征。包括民族形成与迁徙历史、民族特有的文化特征与文化遗产、民族与地方突出的生态知识与生态传统等。

3. 地方社会经济状况。包括国民经济与社会发展的主要指标、历年经济社会发展的变动趋势、产业结构与比例、产业发展历史、产业转型实践等。

4. 地方社会发展的未来走向与长期规划。包括经济发展重点、文化传承发展等。

二　地方社会与生态状况相关内容

1. 历史上该地区社会与生态变迁的关键节点、事件。

2. 对历史上不同阶段该地区社会变迁、生态变迁的总体印象、评价和态度。

3. 现阶段地方生态经济发展的相关政策措施、发展效果。

4. 现阶段地方生态保护和治理的相关政策措施、效果。

三　与案例村有关的内容

1. 现阶段案例村在县域范围内的发展排名情况？与之前相比，是进步、退步还是维持原状？有哪些因素促成了这些变化？

2. 是否了解案例村的发展过程和概况？对其发展作何评价？尤其是对现阶段村庄的生态发展，有何评价、建议？

3. 是否对案例村有过帮扶？具体措施和效果？

4. 对寨老组织与村"两委"、普通村民之间关系的看法。对案例村做法认同吗？认同或不认同的原因何在？

5. 对地方村规民约及其与国家法的关系的看法。对案例村的做法是否认同？

6. 案例村最大的发展亮点和特色是什么？

7. 案例村发展的不足之处是什么？今后应该如何改进？

附录 3：虎河村山林管理碑

为保护和合理利用我村森林资源，经村"两委"、寨老及家族代表的共同商讨，结合本村实际，特制定虎河村山林管理规约。凡在寨落范围内，不论是本村人或是外地人，都必须遵守，不得违反，违者按照本规约的规定执行。

第一条　林木不仅是村民建房起屋的主要原料，而且能够美化环境，蓄水保土，因此，各家各户要积极保护和管理好山林。若有需要，必须本人申请经村"两委"同意，才能上报林业部门申请办理采伐手续。

第二条　不准在集体山、自留山和风景山中，毁林开荒、烧山。一旦发现毁林开荒、烧山行为，除恢复造林外，集体山和自留山每亩罚款 150 元，风景山每亩罚 200 元。

第三条　凡偷砍他人林木的，除没收或归还原主外，不论哪种树，一卡以上，每卡罚款 50 元。偷扛杉、松等原木，一节罚款 100 元。偷砍柴火的，捉拿一次罚 50 元（不论数量多少），乱搂他人柴火、挖树蔸的，捉拿一次罚 30 元；偷砍一根柱子罚款 100 元；有意乱砍木桥和村边风景树，每刀罚款 20 元。不准在风景树脚下拴牛，发现一次罚款 50 元。

第四条　割垫草允许在他人自留山内割，但不许损坏他人的小杉木、小松树等，若发现损坏有 5 寸以上的林木每棵罚 10 元。

第五条　割田坎。田上坎 2.5 丈、田下坎 1.5 丈、土上坎 1.5 丈、土下坎 1 丈。道路、水沟上割 6 尺、下割 3 尺。田边土角的杉、松及经济林木等树种，在规定的范围内，属于耕作者所有，但不准再向集体山或自留山扩大，违者罚款 50—100 元。不准在责任田或土的周围挖草皮、草药等破坏活动，若挖草皮、草药等行为造成垮田或垮土的，由造成损失者负责。

第六条　每发生一次山林火灾，先对火灾肇事者罚 100 元，然后按照是无意失火烧山的，每亩罚 500 元，并负责造林；是有意放火烧山的，每亩罚 3000 元，并负责造林。

第七条　对处理不服、采取报复手段，破坏他人财产（包括家畜、家禽、山林、果树、庄稼等），发现一次罚款 500—1000 元，危害他人生命安全的，除按照以上办法处理外，由被害家人提出赔偿要求，并报送公安机关。

第八条　被罚款者，超过三天未缴纳罚款的，加收 30%，超过 5 天未交罚款的，加收 50%，超过一个月未缴纳罚款的，村"两委"有权组织全体群众到被罚款者家拉猪、拉牛及其他物资抵押。

第九条 本规约自公布之日起生效。

虎河村全体村民　二零零七年农历八月二十三日

附录4：虎河村村规民约（节选）

　　为保障我村安定团结，依法治村，维护一方稳定，树立良好的村风、民风，创造安居乐业的社会环境，促进经济发展，建设文明绿色生态、卫生的社会主义休闲旅游村，经村两委及全体村民讨论通过，特制定本村规民约。凡村内外，人人遵守，违者按本约执行处理。

第一章　社会治安管理及处罚
……

　　第八条　有意砍桥或村边风景树，每刀罚150元。

　　第九条　偷稻草，先罚款100元，再按市场价加倍计罚。

　　第十条　不许在他人田里钓鱼、摸鱼、捡螺丝，违者罚款500元。用电打鱼的罚1万元。开田偷鱼的，罚款1万元，并由违者负责该丘稻谷成熟，另按每挑田200斤生谷计赔。发现小偷双方各自处理，被人检举到村委，村委有权自行处理，对双方各罚300元再处理。

第二章　山林管理及处罚

　　第十一条　各户有责任管护好自家自留山、管理山山林，严禁乱砍滥伐。如需要建设须办采伐证按指定数量方可砍伐。不许大砍、乱砍，砍后及时补种树苗，保住绿水青山，违者由林业部门按有关细则

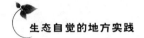

处理。

第十二条　不准毁林开荒、放火烧山，违者除补足造林外，每亩罚款500—1000元，情节严重的移交司法机关，追究刑事责任。

第十三条　凡偷进他人林区砍树，不论大小，一次罚款1000元，并退回原物给农户。乱砍、掳他人木柴、挖树蔸的，捉到一次罚款1000元并退还原物。

第十四条　偷砍竹子，一根罚款100元，扯一根笋子罚100元。偷砍杉松木扁担一根罚款200元，杂树50元。

第十五条　有意放牲畜进山践踏者，每头罚款500—1000元。

第十六条　死者需要地安葬，允许在本村的山内自由选择安葬，但前提与户主协商同意，占用坟地需以坟墓的中心向两边扩张1.5丈（平方丈为单位）为限。外村人到本村殡葬者需向村集体交纳5000元认主费方可到本村地安葬，凡本村村民私自送外村人埋人，罚该户1万元再按以上条款处理（因本村民婆家无人赡养老人入我村赡养过逝者除外）。

第三章　交通消防安全管理及处罚

……

第十八条　家火发生（不管是电或是火引起的），自家处理无事故的，罚款100元。需要群众扑救，违反者付一头猪（120斤）、米120斤、酒120斤和一只鸭洗寨。火灾造成重大损失的，除以上罚付外，还负刑事责任，赔偿火灾造成邻居财产的损失。特殊人群（老弱、幼和智障人员）造成火灾的，由监护人承担相应的责任和赔偿。

第十九条　山火发生，先罚200元，然后按每亩500元处理。如属有意放火烧山的，按每亩罚款3000元，并负责补栽树苗。

第二十条　故意放火烧稻草堆，且情节恶劣的，罚款1000元，放火烧田里的小稻草堆的，罚款500元。

第四章　放家畜、割草管理及处罚

......

第二十二条　放家畜进入他人庄稼造成损失，先罚款100元，损失另外加倍赔偿。垮田坎的需回复原样，拒绝回复的罚300元后强制违者恢复。

第二十三条　山塘不准许放牛洗澡，污染饮水源头，违者一头牛罚款1000元。更不许人在塘里洗澡，发现一次罚款500元。发生丧命事故除外。还必须"洗塘"，负责全村警醒教育生活一餐（3600元人民币）。

第二十四条　不准在寨头风景树拴牛，发现一次罚款100元。

第二十五条　在他人山内割垫草，不许损害小杉、松树，若发现，有5寸以上的每棵罚款100元。

第二十六条　割田坎，上2.5丈、下1.5丈（指靠山或独丘），栽有茅草情况，在不影响稻秧成长的前提下，上坎以1.5丈，下坎以5尺。

第二十七条　土边，上割1.5丈，下割5尺，道路水沟，上6尺，下3尺，小道小溪看事来行。

第二十八条　田边土角的草、杉、松、果木等树，由耕作者享有，管山无权干涉，但不能向规定尺寸外侵犯和扩大，否则罚款300元。

第二十九条　不准在他人责任田土四周挖草皮、草药、山药，违者罚款100元。

第三十条　凡在包产到户前在他人山栽的茅草，由原栽草人保管，但没有享受山林权。不许扩大原有面积，违者罚款200元。茅草淘汰后，不许管草的人在草地上栽树，由山主人保管。

致　谢

　　当论文终于进行到"致谢"环节，我却思绪万千，迟难下笔。这篇论文行进的时间太久，耗费了我数年的时间和精力。以至于个中悲欢，于他人是不动声色，于自己却是千帆过尽。然而掩卷回顾，在论文的撰写、打磨过程中，给予我种种帮助的师友、亲人一一浮现于脑海，对他们的感激之情于我心中氤氲蔓延。

　　首先要衷心感谢的，是我的导师陈阿江教授。自入陈老师门下受教，老师对我的学习和生活给予了诸多指导、支持和帮助。在我苦苦寻求论文选题之时，是陈老师建议我放下执念、多走多看，并在我每次调查归来后，帮助我认真分析所感所获，聚焦主题与问题。在我毫无章法地架设论文框架、铺陈叙述内容之时，是陈老师耐心细致地修正我的每一处错误，并与我反复讨论种种框架设计和行文方式的利弊。在我战战兢兢欲提交全文之时，是陈老师对我加以宽慰，并认真验看我的成稿，甚至连字词、标点都一一修订。在日常学习生活中，陈老师敏锐深邃的学术洞察力、理性严谨的治学态度、求真务实的研究精神无一不深刻影响着我，使我受用终生。

　　感谢河海大学社会学系这个底蕴深厚的学术场域。我能在此读书学习，聆听各位老师的教诲，实属三生有幸。在此感谢施国庆教授、王毅杰教授、余文学教授、许佳君教授、沈洪成教授等各位老师，他们的精彩授课引我走上学术研究之路。在论文开题、预答辩以及答辩的各个环节，周琼教授、王芳教授、孙其昂教授、陈绍军教授、沈毅教授、曹海林教授、黄健元教授等都指出了论文的缺陷并提出了有益的批评和建议，对论文的后续修改和完善至关重要。

作为本文的主角，虎河村及其每一位村民都是我心怀感恩、肃然起敬的对象。至今仍然记得，村主任杨清在我初入村庄之时就热情接待，并在此后的调查中成为了我的主要报告人之一，提供了种种关键信息，并为帮我寻找其他报告人而辛苦奔波、牵线搭桥。他的妻子李秀娟阿姨妥善安排我的食宿，他的女儿杨小莲则充当了我的"私人翻译"，在我与一些年长村民沟通不畅之时认真帮我转录话语。也记得，杨文叔叔、杨德爷爷、李志爷爷等，在我对村庄历史进行反复提问和纠缠时仍然有着十足的耐心，不仅为我讲解当时村庄的情形，也同我解释当时全国的情况，使我更能掌握历史的全貌。已经六七十岁的他们，陪我一坐就是三四个小时。更记得，村中自办生态养殖园进行创业的青年陆天文，不仅积极帮我寻找村内的关键报告人，还不辞辛苦地开车带我奔赴县城和邻近村庄，就相关主题进行调查，以便我进行比较和思考。于他个人的经历和品性方面，他那种勃发于困境之中的奋斗精神更是鼓舞着我，使我心向阳光，不畏艰难。尤其记得，在村中的日子，我几乎"蹭"遍了每一家的饭，饮过了每一家的酒，更于这样的推杯换盏、或高声或低语的细碎闲谈之中，发觉了他们的民族自豪感和珍爱家园的情怀。这些许多无法一一提及的乡亲，于我都是铭记在心。虎河村的山水泥土，已然深入心怀。

也要感谢雷山县政府办公室、县方志办、县非遗保护与研发中心、农业局、林业局、统计局、文化体育局、文化馆等的领导和工作人员，为我的调查提供了诸多便利和帮助。尤其感谢农业局的李主任为我详细讲解农业的相关知识，使我全面了解了该地区农作的概况；感谢非遗保护与研发中心的余主任为我提供雷山苗族的传统与历史知识，令我深刻领略到苗族独有的人文文化；感谢方志办的王主任，不仅慷慨赠与我相关方志、资料，还与我细数苗族历史上的奇趣逸事，使我的思维更加发散和开阔。还有无法一一提及的领导和工作人员，他们不因我是一个初出茅庐的学生而敷衍或轻视我，耐心帮我寻找所需资料，认真回答我的提问，以苗家人特有的朴实和真挚待我。他们的帮助和支持我将铭记在心。

与我共同拼搏奋斗的同门、朋友同样令我心存感激。感谢陈门这个大家庭中各位同门的热心相帮。陈涛师兄、耿言虎师兄屡次从繁忙的工作中抽时间，与我就论文主题、问题等内容进行商讨。谢丽丽师姐、严小兵师兄、朱启彬、王昭、舒林、林蓉、闫春华、常亚轻等反复同我商讨论文框架，敲定研究细节，修订字词表述，就论文展开的大大小小的门内研讨会已不记得开了多少次。王婧师姐帮助我们确定了贵州田野调查点，并与我们一同在田野间开展工作，提供了许多研究灵感。先后与我两次进村调查的师妹常巧素给予我陌生乡野间的陪伴和安慰，与她一同日间奔波调查、晚间商讨思考的田野时光使我在任何时候回想起来都是"嘴角上翘"的回忆。此外，我的同学兼好友陈荣、梁兰两位姐姐，感谢她们的陪伴与支持。每当看到我眉头不展、连连叹气之时，她们定会放下手头的工作，邀我出来散心，予我以安慰和鼓励。与陈荣姐姐对清水江畔土家族人共同进行的调查使我窥见了另一种文化的面向，促使我在多点田野调查的基础上进行全面的思考。感谢我的好友高新宇，与我同在美国留学之时，他每周都会打一个电话给我，与我闲聊这一周的学习进度、发文进展等等。这种闲聊于我而言亦不失为一种鞭策，他勤奋的工作态度使我不敢有丝毫懈怠，从而加紧自己的成长进度。

最后，这份谢意理应献给默默奉献和支持我的家人。读博数年，我早已不知癫狂了多少次，而家人却远比我淡定。不是他们不心焦，而是他们更知晓我的压力，宁愿表现得云淡风轻，使我心无旁骛。是家人与我以温暖包容，劝我以知足坚定，才使我在经历过每一个波澜不兴的日子后，最终领略到了坚持的意义。若不是他们为我的未来负重前行，哪会有我的岁月静好。

　　这一文本的产生，是我在学术道路上的渺小启程。前路浩荡，我深知自身的诸多不足，但亦心怀勇气和期待。愿清醒而热爱，坚定且上进。

邢一新

2020 年 5 月 20 日